뉴매직

셈

1 단계

고대 그리스의 수학자 피타고라스는
'모든 것은 수로 이루어져 있다.'라고 하였습니다.
본 책은 **수학교과과정과 방과후 특기 적성 교육활동과 연계**하여
기존의 수학학습을 효과적으로 교육시키기 위하여 누구나 주산(암산)을 쉽고
재미있게 배울 수 있도록 **과학적인 수의 배열과 수학학습과의 연계성을**
고려하여 만든 주산(암산) 전문교재입니다.

이 책의 특징은

❶ 한 단계 한 단계씩 연습하여 수의 개념을 이해하고, 암산이 되는 주산교육이 되도록
구성되었습니다.

❷ 주산의 원리를 익힘으로써 수의 개념을 이해하고 누구나 쉽게 주산과 암산을 배울 수
있도록 하였습니다.

❸ 과학적인 수 배열을 통하여 주산(암산)의 원리를 이해한 학생들이 암산을 배워 빠르고
정확한 연산능력을 바탕으로 다양한 사고의 능력을 기르도록 구성하였습니다.

❹ 개인의 능력차를 고려한 수준에 맞는 수 배열과 방법을 제공함으로써 수학의
기초학습에 있어서의 그들의 잠재적 가능성을 최대로 실현시키도록 하였습니다.

❺ 수학학습의 가장 기본이되는 수, 연산력을 향상시키고 사고하는
능력을 기를 수 있도록 체계적이고 과학적인 학습방법으로 접근
할 수 있도록 하였습니다.

❻ 수학의 기초적인 개념, 원리, 수의 법칙을 습득하는 학습을
익혀 유연하고 다양한 사고의 능력을 길러 수학적 사고력과
창의력을 배양할 수 있도록 하였습니다.

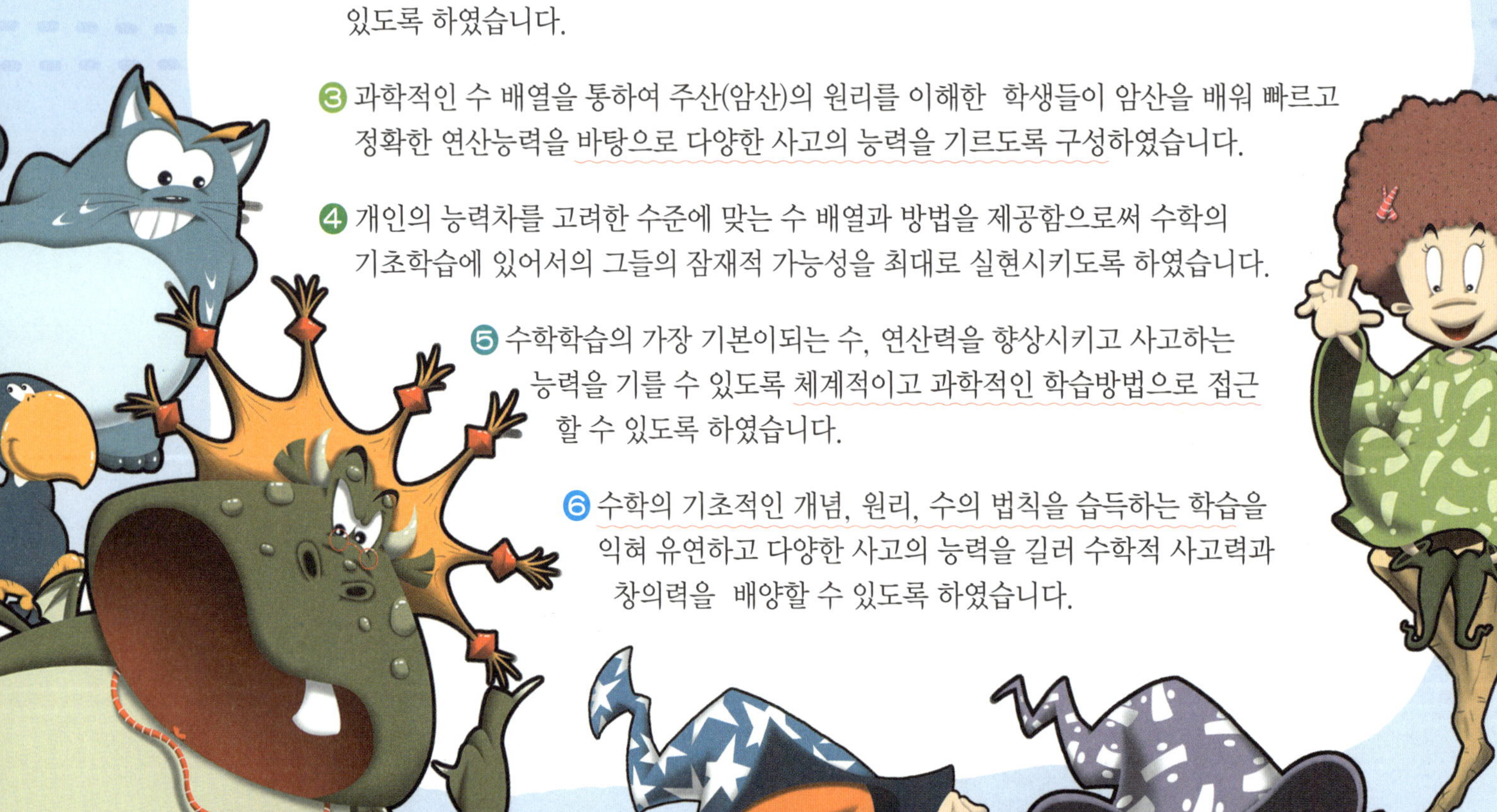

차 례

● 주판 각 부분의 이름과 구조

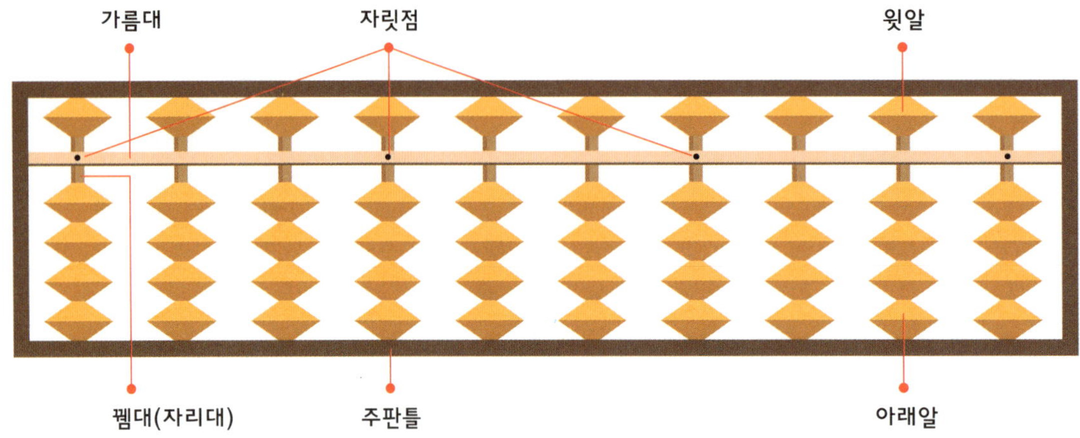

아래알 가름대 아래에 있는 주판알을 말하며 한 알은 1을 나타냅니다.

윗 알 가름대 위에 있는 주판알을 말하며 한 알은 5를 나타냅니다.

가름대 아래알과 윗알을 가로막아 놓은 부분을 말합니다.

꿰 대 주판알을 꿰고 있는 막대를 말하며, 자리대라고도 합니다.

자릿점 가름대 위에 찍혀 있는 점을 말하며 수의 자리를 정하는 데 사용됩니다.

주판틀 주판을 감싸고 있는 테두리 전체를 말합니다.

● 주판 잡는 법과 주판알 정리

주판을 잡을 때는 주판의 왼쪽 부분을 왼손으로 잡는데 엄지로는 주판틀 아랫부분을, 나머지 손가락으로는 주판틀 윗부분을 가볍게 감싸 줍니다.

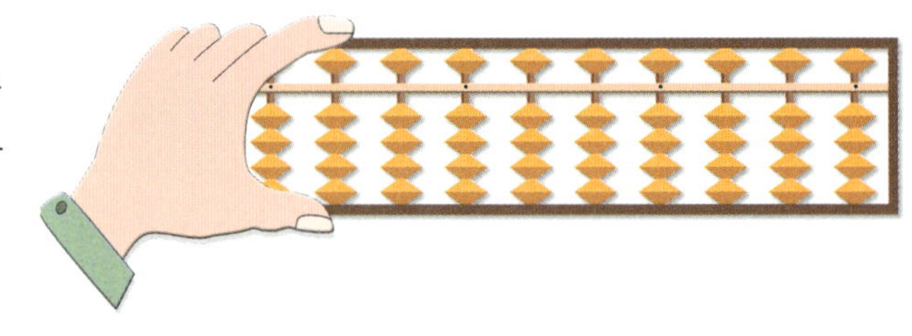

주판알을 정리할 때는 오른손 엄지와 검지를 오른쪽 가름대 끝에 가볍게 대고 가름대를 쥐듯 왼쪽으로 밀어 줍니다.

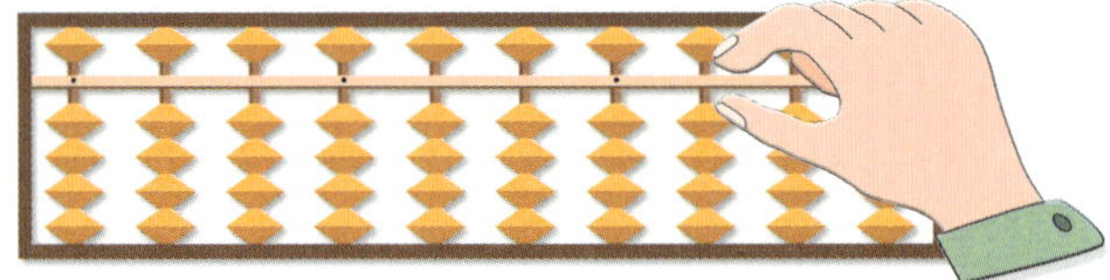

● 연필 잡는 법

연필을 잡는 정해진 방법은 없으나, 어린이의 경우 약지와 새끼손가락 사이에 끼우는 모양은
어려운 동작이므로 막 쥐도록 합니다.

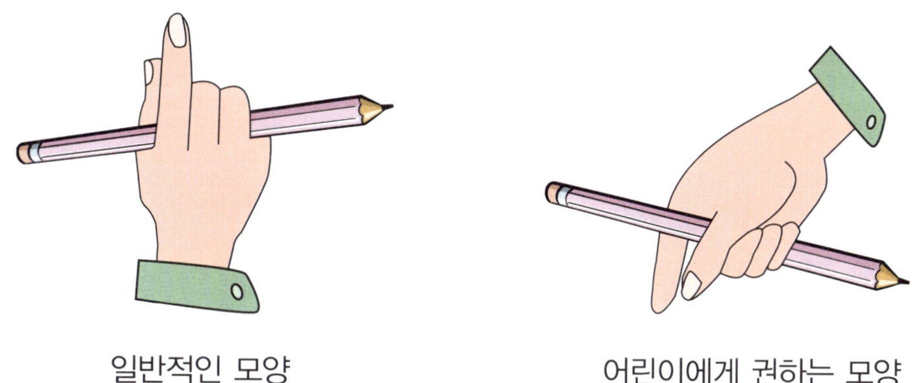

일반적인 모양   어린이에게 권하는 모양

● 주판을 놓는 바른 자세

의자에 깊숙이 앉아 허리를 바르게 폅니다.
몸은 책상에서 10cm 정도를 뗍니다.
오른팔이 주판이나 책상에 닿지 않도록 합니다.
왼쪽 팔꿈치는 가볍게 몸에 붙였다 떼었다 할 수 있도록 합니다.

● 주판의 자릿수

주판에서 일의 자리는 가름대 위의 자릿점 중 하나를 선택하여 정할 수 있으며, 일의 자리를 기
준으로 오른쪽 소수 첫째 자리를 영(0)의 자리, 소수 둘째 자리를 −1의 자리, 소수 셋째 자리를
−2의 자리라고 합니다.

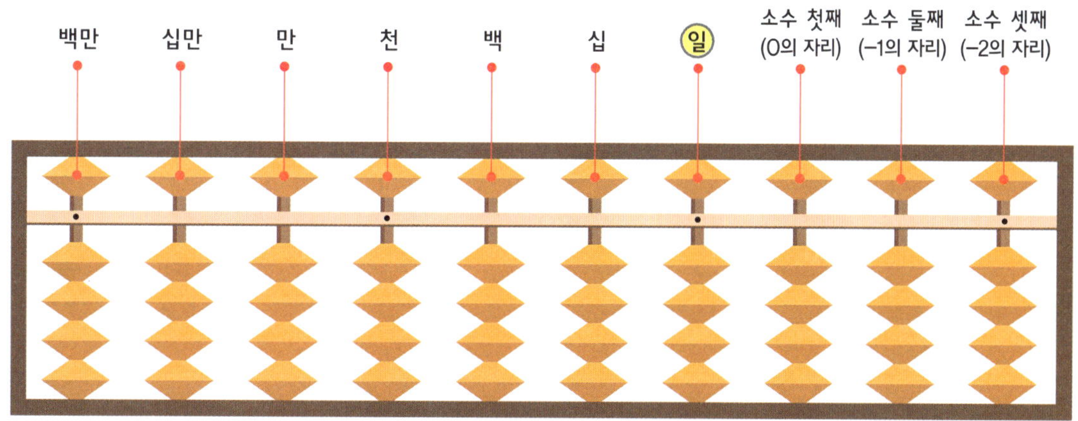

운지법은 주판에 수를 놓을 때 손가락의 사용법을 말하며,
운주법은 주판알을 바르게 움직이는 방법을 말합니다.

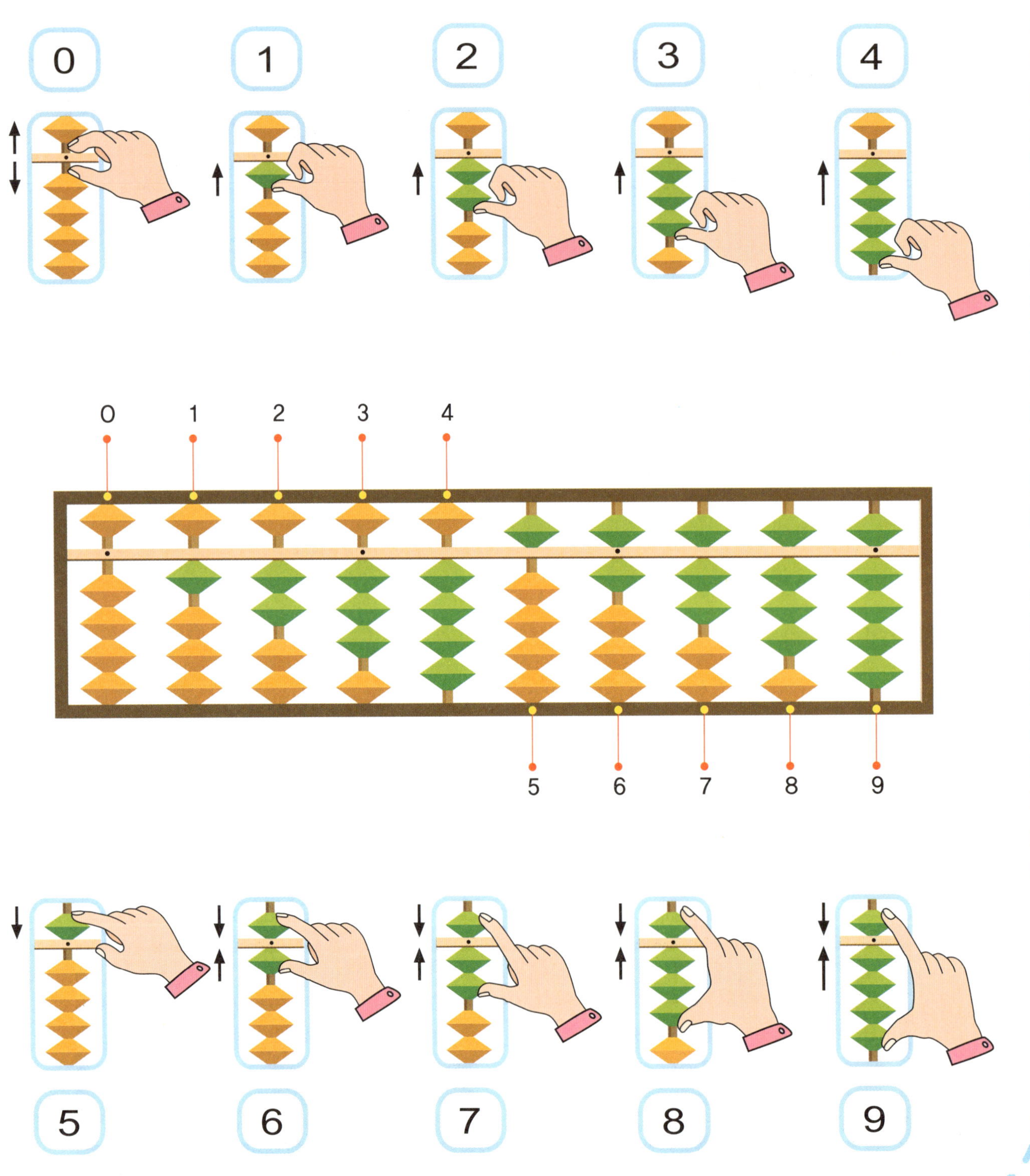

짝수와 보수

● 5에 대한 짝수

1과 4의 합은 5입니다. 이 때 1이 5가 되려면 4가 더 필요합니다.
이처럼 5가 되기 위하여 더 필요한 수를 5에 대한 보수, **짝수**라고 합니다.

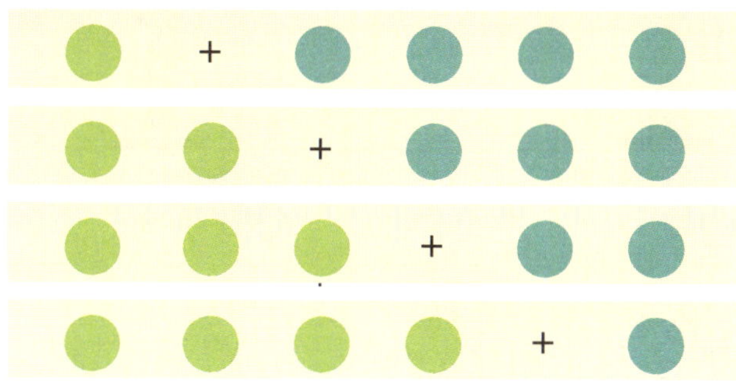

$1 + 4 = 5$ 이므로　1　의 짝수는　4　입니다.
$2 + 3 = 5$ 이므로　2　의 짝수는　3　입니다.
$3 + 2 = 5$ 이므로　3　의 짝수는　2　입니다.
$4 + 1 = 5$ 이므로　4　의 짝수는　1　입니다.

● 10에 대한 보수

두 개의 수가 합하여 10이 되는 수, 즉 어떤 수가 10이 되기 위하여
더 필요한 수를 10에 대한 **보수**라고 합니다.

$1 + 9 = 10$ 이므로　1　의 보수는　9　이고,　9　의 보수는　1　입니다.
$2 + 8 = 10$ 이므로　2　의 보수는　8　이고,　8　의 보수는　2　입니다.
$3 + 7 = 10$ 이므로　3　의 보수는　7　이고,　7　의 보수는　3　입니다.
$4 + 6 = 10$ 이므로　4　의 보수는　6　이고,　6　의 보수는　4　입니다.
$5 + 5 = 10$ 이므로　5　의 보수는　5　입니다.

첫 걸음 ❶ (한 자리수 단순 덧셈·뺄셈)

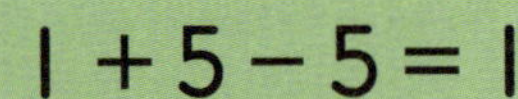

① 일의 자리에서 엄지로
아래알 한 알을 올린다.

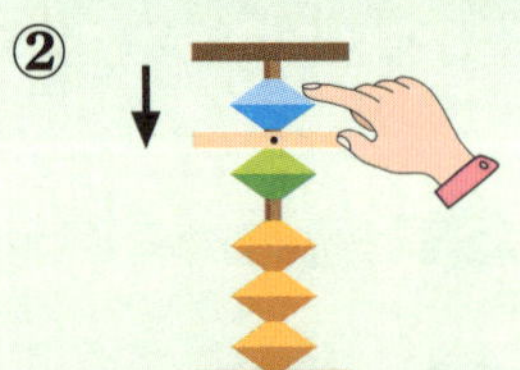

② 일의 자리에서 검지로
윗알을 내린다.

③ 일의 자리에서 검지로
윗알을 올린다.

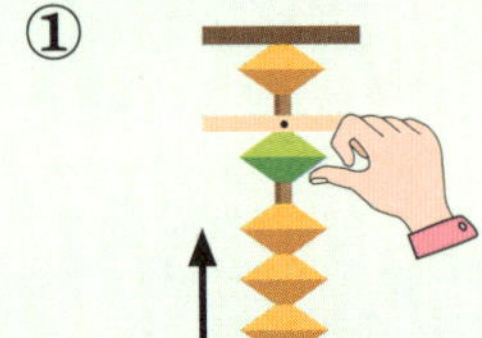

① 일의 자리에서 엄지로
아래알 한 알을 올린다.

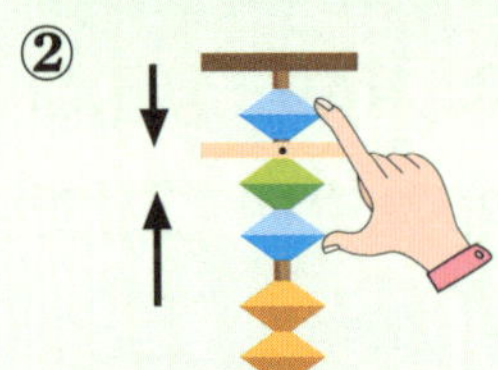

② 일의 자리에서 검지로 윗알을 내리는
동시에 엄지로 아래알 한 알을 올린다.

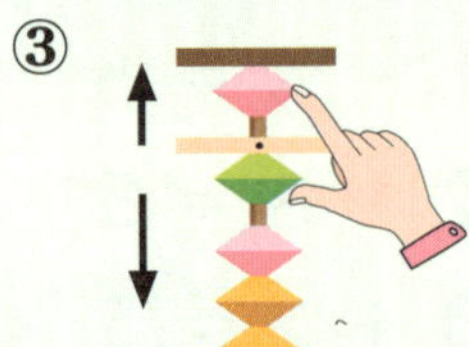

③ 일의 자리에서 검지로 윗알을 올리는
동시에 엄지로 아래알 한 알을 내린다.

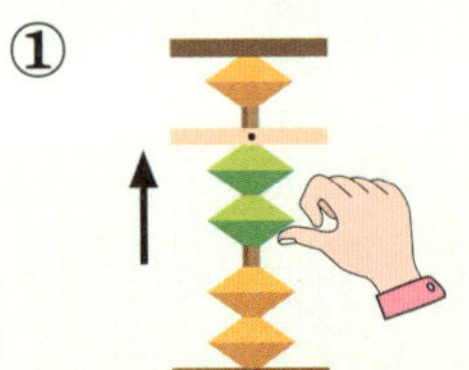

① 일의 자리에서 엄지로
아래알 두 알을 올린다.

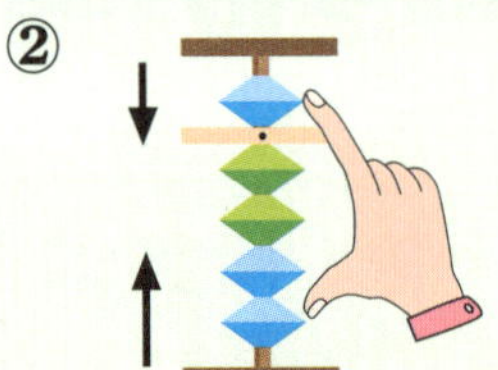

② 일의 자리에서 검지로 윗알을 내리는
동시에 엄지로 아래알 두 알을 올린다.

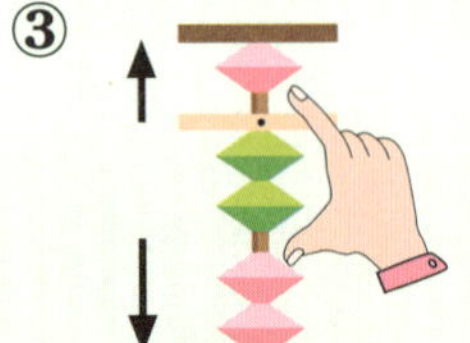

③ 일의 자리에서 검지로 윗알을 올리는
동시에 엄지로 아래알 두 알을 내린다.

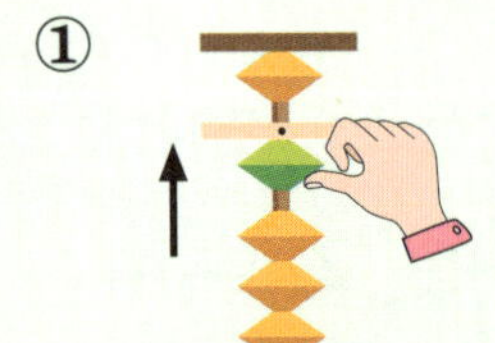

① 일의 자리에서 엄지로
아래알 한 알을 올린다.

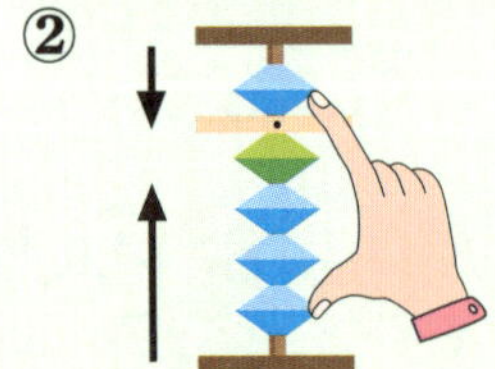

② 일의 자리에서 검지로 윗알을 내리는
동시에 아래알 세 알을 올린다.

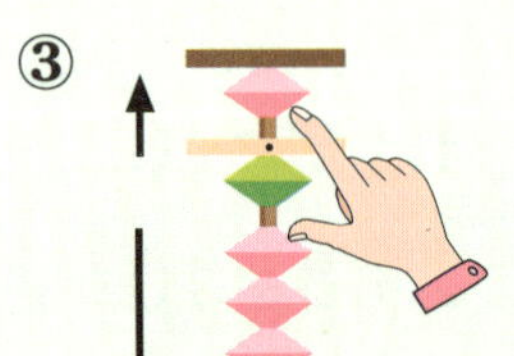

③ 일의 자리에서 검지로 윗알을 올리는
동시에 엄지로 아래알 세 알을 내린다.

기초탄탄 주판으로 해 보세요.

1	2	3	4	5	6	7	8	9	10
1	2	2	3	1	1	0	2	5	5
2	1	0	0	0	1	1	0	1	2
1	1	2	1	3	2	3	1	2	2

11	12	13	14	15	16	17	18	19	20
5	5	6	6	6	6	7	1	8	7
3	0	1	1	2	3	1	7	0	0
1	4	2	1	1	0	1	1	1	2

21	22	23	24	25	26	27	28	29	30
8	1	1	0	6	1	1	7	6	2
1	8	6	7	0	0	6	2	2	0
0	0	2	2	3	8	1	0	0	7

평가

확인

9

기초탄탄 주판으로 해 보세요.

1	2	3	4	5	6	7	8	9	10
3	2	7	4	8	1	1	7	3	4
−1	5	−2	−3	−3	6	8	−5	−1	−3
6	−5	3	6	2	−2	−5	2	7	8

11	12	13	14	15	16	17	18	19	20
6	6	3	7	4	2	4	9	9	3
−5	−1	−2	−5	−3	6	−1	−4	−3	5
3	2	6	1	5	−2	5	1	2	−5
5	2	1	6	2	3	1	0	1	6

21	22	23	24	25	26	27	28	29	30
6	2	7	8	9	3	8	3	6	2
2	5	2	1	0	5	1	6	3	7
−6	−6	−6	−7	−7	−8	−8	−8	−9	−9
5	8	5	1	5	3	2	3	6	8

평가

확인

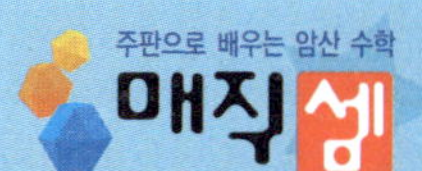

실력다지기 주판으로 해 보세요.

1	2	3	4	5	6	7	8	9	10
5	5	5	6	6	6	7	7	8	9
2	3	4	1	2	3	1	2	1	−7
−6	−6	−7	−5	−7	−8	−7	−8	−8	6
3	1	6	2	8	7	6	7	6	1
−2	−2	−3	−3	−3	−6	−7	−6	−5	−7

11	12	13	14	15	16	17	18	19	20
2	5	6	5	2	7	6	5	6	3
6	1	3	4	5	2	2	2	3	5
−7	2	−7	−6	−6	−3	−7	2	−6	−7
6	−7	2	1	1	2	5	−1	5	6
−2	3	−4	−4	−2	−6	−1	−6	−1	−2

21	22	23	24	25	26	27	28	29	30
6	6	4	5	7	3	4	5	4	6
2	3	5	4	2	−2	−2	2	−2	3
−7	−7	−6	−7	−3	7	5	−6	6	−4
2	2	1	1	2	1	2	7	−5	3
−1	−3	−2	−1	−6	−8	−8	−3	1	−7

주산의 표현 두 자리수 알아보기

 그림에 따라 주판에 놓아보세요.

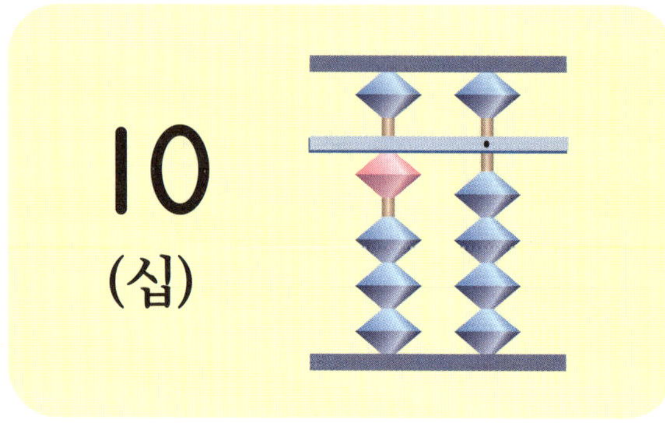

10
(십)

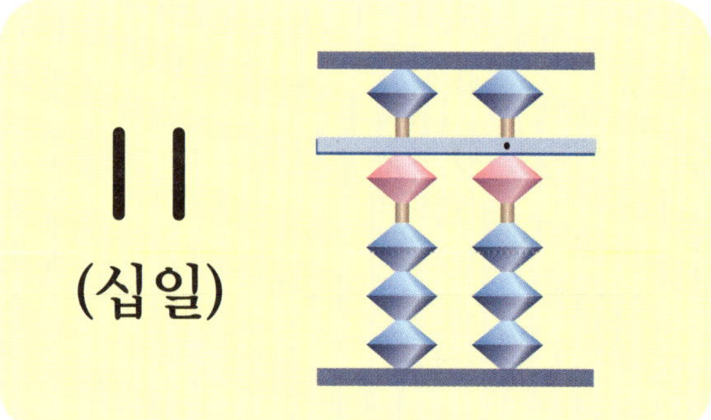

11
(십일)

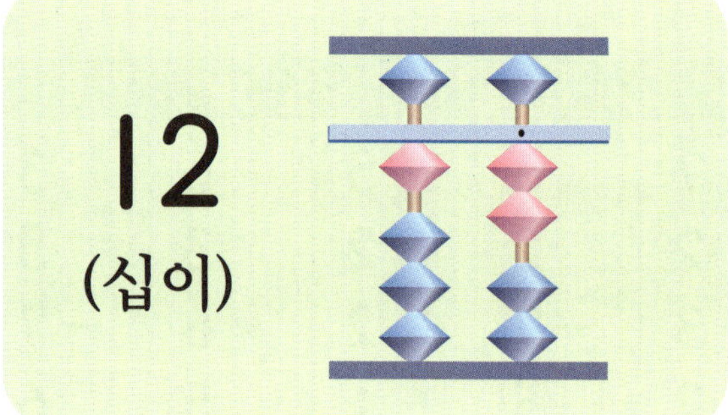

12
(십이)

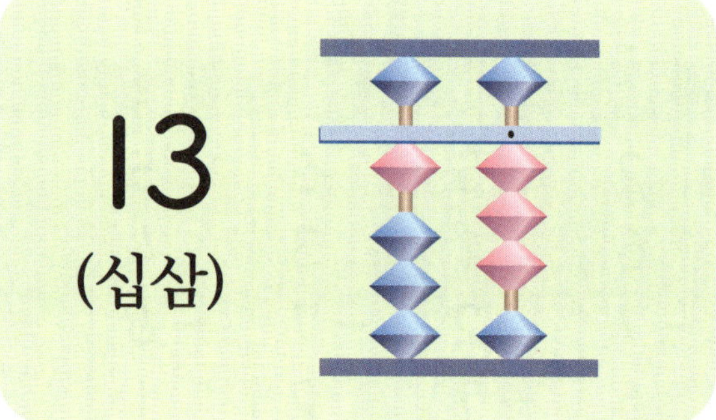

13
(십삼)

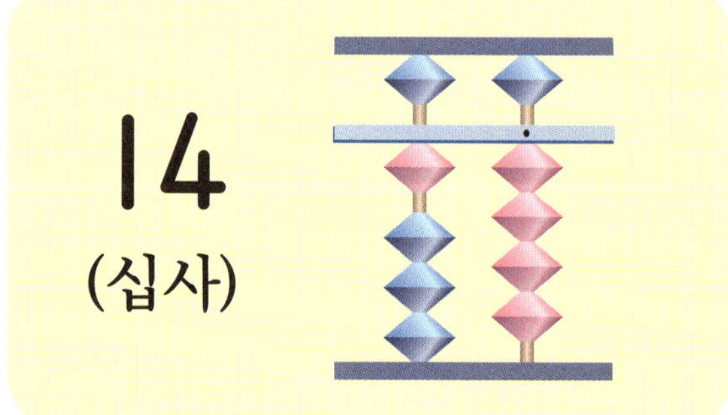

14
(십사)

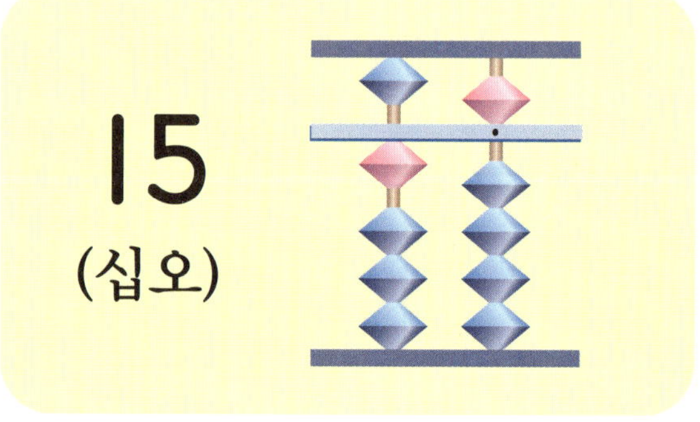

15
(십오)

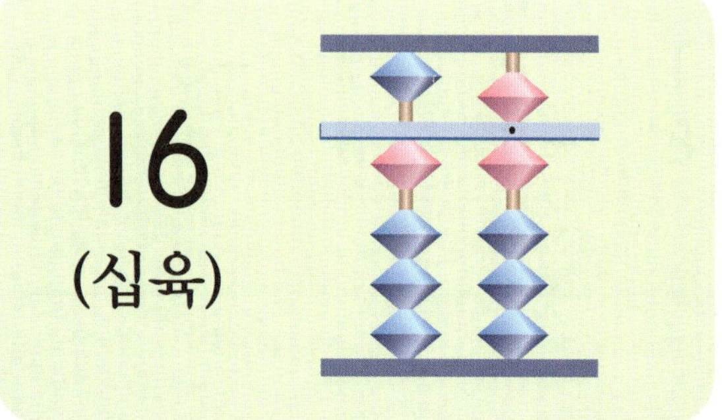

16
(십육)

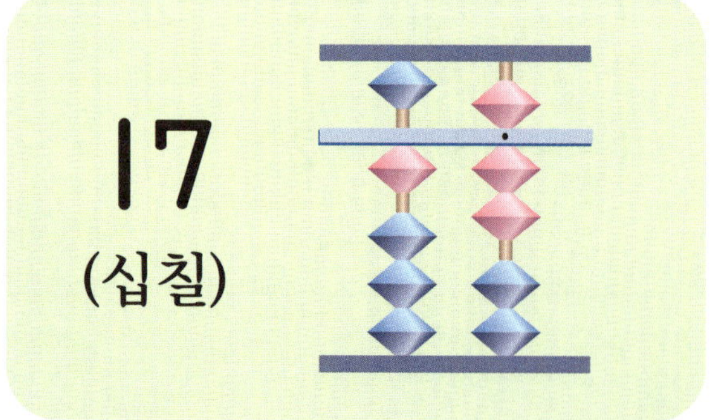

17
(십칠)

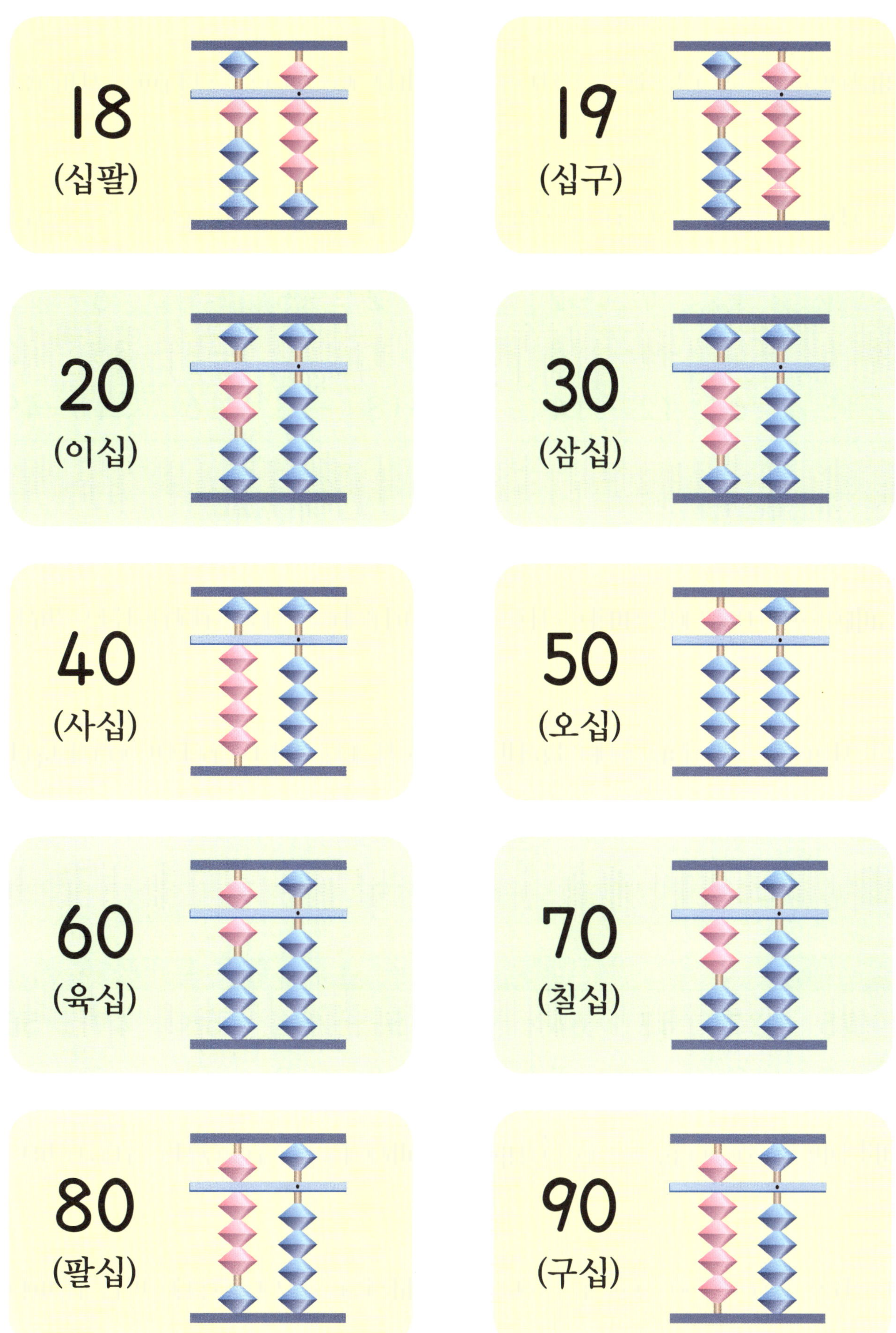

18 (십팔)
19 (십구)
20 (이십)
30 (삼십)
40 (사십)
50 (오십)
60 (육십)
70 (칠십)
80 (팔십)
90 (구십)

기초탄탄 주판으로 해 보세요.

1	2	3	4	5	6	7	8	9	10
32	43	51	23	43	66	87	28	42	95
1	1	7	−2	5	2	−5	1	6	2
6	−4	−6	8	−37	1	2	−3	−35	2
−15	6	12	−14	3	−18	−23	−16	1	−49

11	12	13	14	15	16	17	18	19	20
42	65	89	78	47	87	49	57	42	83
6	4	−6	1	−2	2	−18	−2	7	6
−27	−13	5	−29	3	−38	6	2	−14	−38
3	2	1	2	−26	6	2	12	3	7

21	22	23	24	25	26	27	28	29	30
75	32	43	64	97	51	86	66	49	56
2	7	6	5	−2	8	2	3	−5	−1
−26	−17	−38	−19	3	−2	−37	−19	−14	3
7	5	5	7	−25	−5	8	7	6	−5

평가

 확인

기초탄탄 주판으로 해 보세요.

1	2	3	4	5	6	7	8	9	10
66	97	34	88	28	64	29	43	96	38
3	1	5	−37	−3	−3	−7	5	2	1
−14	−46	−36	6	2	7	1	−27	−47	−19
2	2	5	2	12	−12	16	8	6	4

11	12	13	14	15	16	17	18	19	20
62	76	37	38	72	85	72	51	83	92
6	3	2	−3	1	2	7	18	1	5
−55	−1	−19	2	−53	2	−8	−6	5	1
1	−22	1	12	6	−67	−61	−3	−69	−77

21	22	23	24	25	26	27	28	29	30
92	77	68	66	97	88	58	37	89	99
7	−5	1	2	−5	−3	−7	−6	−28	−84
−89	2	−54	−3	2	1	2	3	2	2
6	−53	3	14	−83	−65	26	−22	5	−6

실력다지기 주판으로 해 보세요.

1	2	3	4	5	6	7	8	9	10
51	72	65	78	94	88	76	42	64	79
5	5	1	1	5	−2	3	7	5	−54
33	−2	−16	−19	−84	3	−19	−3	−18	3
−9	14	9	2	3	−67	6	−31	6	1

11	12	13	14	15	16	17	18	19	20
82	71	85	42	92	77	71	85	92	91
6	7	4	6	2	−2	6	3	6	8
−63	−56	−64	−7	−83	4	−67	−67	−77	−89
4	2	3	8	7	−53	9	6	6	4

21	22	23	24	25	26	27	28	29	30
42	53	61	33	53	76	87	38	42	95
1	21	7	−2	15	2	−5	1	6	2
6	−2	−16	8	−7	1	2	−3	−35	2
−25	6	12	−24	3	−58	−33	−26	1	−49

평가

확인

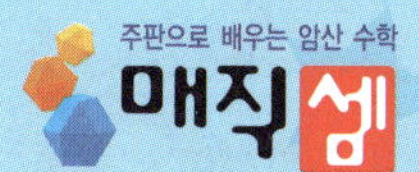

실력다지기 주판으로 해 보세요.

1	2	3	4	5	6	7	8	9	10
42	75	79	98	37	77	69	57	92	83
6	4	−26	1	−2	2	−18	−2	7	6
−37	−53	5	−47	3	−68	6	2	−49	−68
3	2	1	2	−16	6	2	22	4	7

11	12	13	14	15	16	17	18	19	20
85	42	43	74	97	61	76	66	89	76
2	7	6	5	−2	8	2	3	−5	−1
−56	−38	−28	−3	4	−2	−57	−18	−72	3
7	5	5	−21	−94	−15	8	7	6	−25

21	22	23	24	25	26	27	28	29	30
76	97	44	78	48	64	39	43	96	48
2	2	5	−67	−23	−3	−7	5	3	1
−63	−49	−26	6	2	7	1	−37	−49	−39
4	8	5	2	12	−12	16	8	6	4

확인

10을 이용한 9의 덧셈

$$1 + 9 = 10$$

$$\begin{array}{r} 1 \\ + \ 9 \\ \hline 10 \end{array}$$

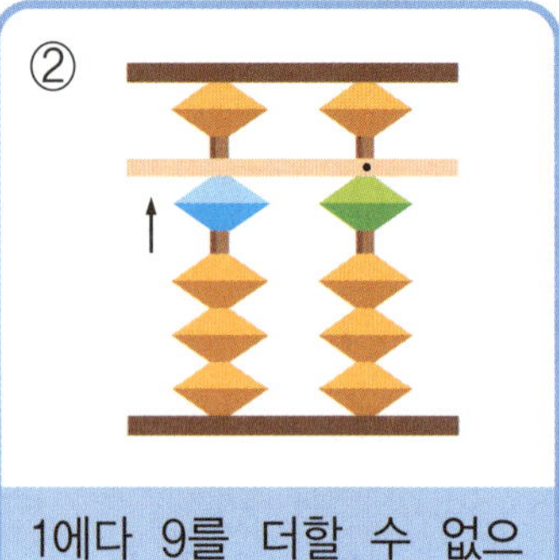

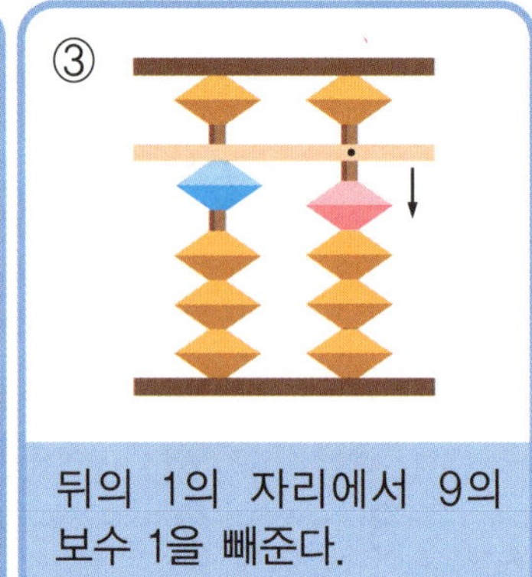

기초탄탄 주판으로 해 보세요.

1	2	3	4	5	6	7	8	9	10
9	4	7	1	3	7	8	6	2	5
9	9	9	9	9	9	1	9	9	3
1	1	0	8	9	9	9	4	6	9
9	9	9	9	7	2	9	9	9	9

11	12	13	14	15	16	17	18	19	20
7	1	2	6	5	4	8	3	9	6
9	9	9	9	4	5	9	9	9	9
3	7	7	3	9	9	2	6	0	2
9	9	9	9	9	9	9	9	1	9

평가

확인

기초탄탄 주판으로 해 보세요.

1	2	3	4	5	6	7	8	9	10
2	1	5	3	6	7	4	8	9	8
9	9	4	1	9	9	9	9	0	9
6	4	9	9	4	9	5	1	9	9
9	9	9	5	9	2	1	9	1	1
3	5	1	9	1	1	9	2	9	9

11	12	13	14	15	16	17	18	19	20
1	5	3	7	4	2	8	6	3	6
7	3	6	9	9	7	9	1	5	9
9	9	9	2	9	9	0	9	9	2
2	1	9	1	6	1	2	3	1	1
9	9	2	9	1	9	9	9	9	9

21	22	23	24	25	26	27	28	29	30
4	2	7	8	3	6	1	5	7	8
9	6	9	9	5	2	7	2	1	9
5	9	1	1	9	9	9	9	9	2
9	9	2	1	2	9	1	3	2	9
1	3	9	9	9	3	9	9	9	1

실력다지기 주판으로 해 보세요.

1	2	3	4	5	6	7	8	9	10
3	6	3	7	3	1	6	2	4	8
9	9	9	9	9	6	9	9	5	1
9	1	5	3	2	9	3	5	9	9
2	9	9	9	5	2	9	9	1	9
9	2	1	1	9	9	2	4	9	2

11	12	13	14	15	16	17	18	19	20
7	6	7	4	2	6	1	1	5	2
9	9	9	9	9	3	6	7	4	9
1	2	9	6	9	9	9	9	9	9
9	9	3	9	5	9	9	2	1	8
3	3	9	9	4	2	4	9	9	9

암산술술 암산으로 해 보세요.

1	2	3	4	5	6	7	8	9	10
7	2	8	3	1	7	9	6	4	3
9	9	9	9	9	9	9	9	9	9

평가 　　　　　　　　　　확인 

실력다지기 주판으로 해 보세요.

1	2	3	4	5	6	7	8	9	10
3	1	3	1	2	2	4	3	4	2
5	9	9	9	1	5	9	9	9	9
1	8	1	9	9	9	9	5	5	7
9	1	9	0	7	3	5	9	9	9
9	9	6	9	9	9	1	2	2	2

11	12	13	14	15	16	17	18	19	20
1	1	3	8	5	7	9	7	4	1
9	8	9	9	2	2	9	9	5	9
9	9	5	9	9	9	9	9	9	7
9	9	9	9	9	9	9	3	9	2
9	1	3	1	2	2	9	1	2	9

암산술술 암산으로 해 보세요.

1	2	3	4	5	6	7	8	9	10
6	1	4	1	1	2	6	2	5	2
9	7	5	5	9	9	9	9	3	2
2	9	9	9	8	7	0	6	9	9

10을 이용한 8의 덧셈

$2+8=10$

$$\begin{array}{r} 2 \\ +\ 8 \\ \hline 10 \end{array}$$

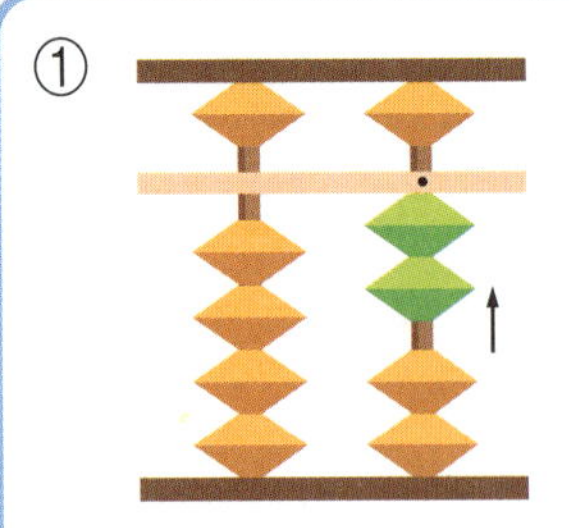

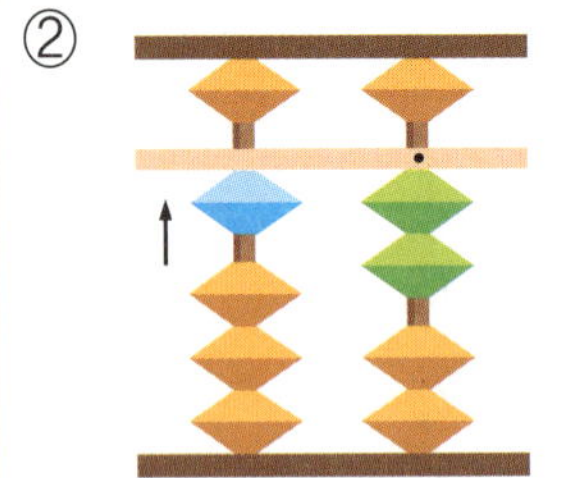

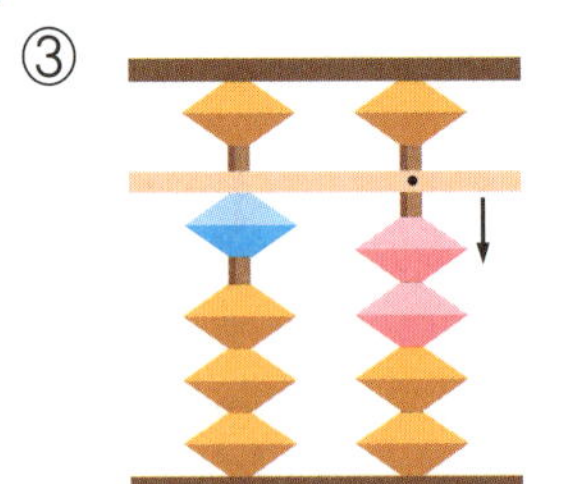

기초탄탄 주판으로 해 보세요.

1	2	3	4	5	6	7	8	9	10
4	1	2	3	1	2	3	6	7	8
8	3	9	8	8	9	8	9	8	8
1	9	3	9	9	6	5	4	2	3
9	8	8	7	8	8	9	8	9	9

11	12	13	14	15	16	17	18	19	20
5	4	3	2	1	6	7	8	9	4
3	8	9	8	7	9	8	9	9	9
8	9	6	7	9	2	3	0	8	5
9	2	8	9	8	8	9	8	1	8

평가 　　　　　　　확인

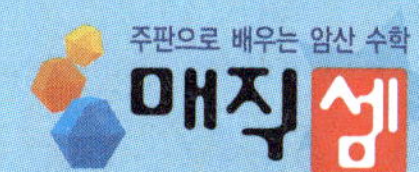

✏ 공부한 날　　월　　일

기초탄탄 주판으로 해 보세요.

1	2	3	4	5	6	7	8	9	10
3	4	1	6	7	2	5	8	3	4
9	5	9	3	8	6	3	9	6	8
6	8	7	9	4	8	9	2	8	6
8	1	1	0	8	3	1	9	2	8
9	9	8	8	9	9	8	9	9	9

11	12	13	14	15	16	17	18	19	20
8	4	5	4	3	5	4	8	4	7
1	5	3	8	1	4	8	8	8	2
8	8	8	6	8	8	5	3	9	8
9	9	9	0	6	2	9	9	6	1
3	9	4	9	9	9	1	8	2	8

21	22	23	24	25	26	27	28	29	30
2	6	5	7	3	4	1	8	9	9
9	9	3	9	9	8	8	9	9	8
8	4	9	1	7	6	8	2	8	1
8	8	2	8	8	9	8	8	2	9
1	8	8	3	8	2	9	9	8	8

평가　　　　　　　확인

실력다지기 주판으로 해 보세요.

1	2	3	4	5	6	7	8	9	10
8	9	4	9	2	2	7	1	5	9
9	9	9	9	8	7	8	8	4	8
2	8	8	1	7	9	4	9	8	9
8	3	3	8	9	8	8	1	9	3
8	8	8	9	2	2	8	8	3	8

11	12	13	14	15	16	17	18	19	20
4	7	8	7	2	4	8	5	2	9
8	8	8	8	9	8	8	2	8	8
5	2	3	2	8	8	1	9	8	9
9	9	8	8	8	7	9	3	1	2
3	1	2	2	2	9	1	8	8	8

암산술술 암산으로 해 보세요.

1	2	3	4	5	6	7	8	9	10
3	8	9	4	6	7	2	4	8	2
8	9	8	8	9	8	8	9	8	9

평가

확인

실력다지기 주판으로 해 보세요.

1	2	3	4	5	6	7	8	9	10
9	3	1	8	6	3	6	9	9	2
8	8	6	1	3	5	9	8	8	8
2	6	8	9	8	8	4	2	8	5
8	8	3	8	8	1	8	8	4	4
9	4	9	3	2	9	2	2	9	9

11	12	13	14	15	16	17	18	19	20
5	2	7	9	7	4	7	2	3	5
4	5	9	8	2	8	8	8	9	2
8	8	2	1	8	9	4	1	8	8
8	4	8	8	1	2	9	7	5	4
2	9	3	3	9	6	8	8	4	8

암산술술 암산으로 해 보세요.

1	2	3	4	5	6	7	8	9	10
2	9	8	6	3	5	4	7	7	2
1	8	8	3	9	4	0	8	2	2
8	8	3	8	8	8	8	2	8	8

 평가 　　　　　　　확인

25

10을 이용한 7의 덧셈

$3+7=10$

3		
$+\ 7$		
10		

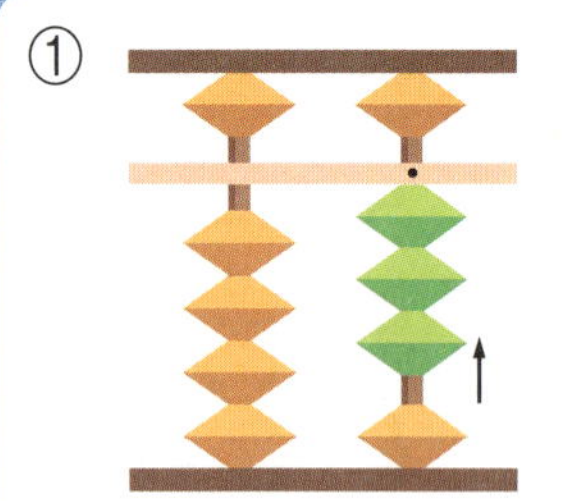

① 엄지로 3을 놓는다.

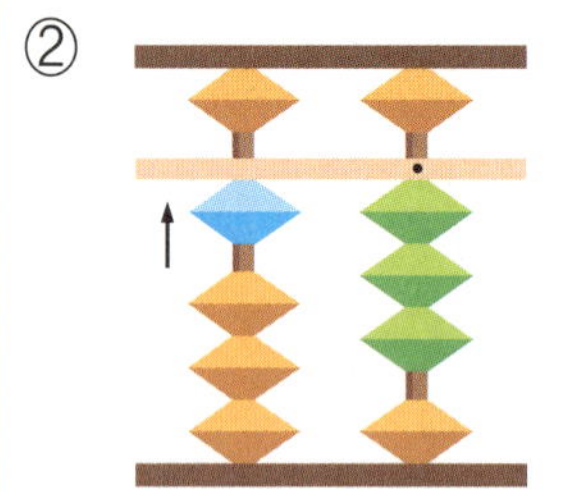

② 3에다 7을 더할 수 없으므로 앞의 자리에 1을 더해주고

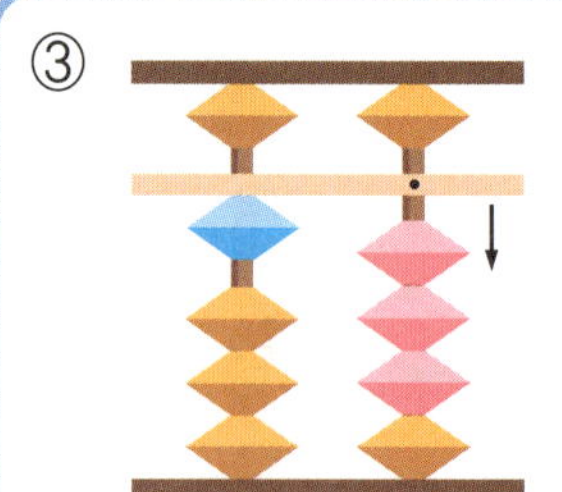

③ 뒤의 1의 자리에서 7의 보수 3을 빼준다.

기초탄탄 주판으로 해 보세요.

1	2	3	4	5	6	7	8	9	10
4	1	5	8	7	4	9	8	2	3
8	8	4	7	9	7	7	9	6	7
6	9	9	4	3	8	1	2	7	8
7	7	7	8	7	7	8	7	4	9

11	12	13	14	15	16	17	18	19	20
6	4	1	3	2	7	5	8	6	8
3	7	9	7	7	8	4	8	9	7
9	9	9	6	9	4	7	3	4	4
7	5	7	9	7	7	9	7	7	9

평가 ☐   확인 ☐

✏ 공부한 날   월   일

기초탄탄 주판으로 해 보세요.

1	2	3	4	5	6	7	8	9	10
1	2	4	6	3	7	5	8	4	8
9	8	8	9	7	8	4	7	7	9
4	9	9	4	9	4	7	4	8	2
7	7	8	7	8	9	3	9	7	7
3	9	7	2	9	7	9	8	9	3

11	12	13	14	15	16	17	18	19	20
3	3	8	7	4	2	1	5	6	9
6	8	7	8	9	9	8	3	9	7
7	8	4	4	7	8	7	7	3	2
3	7	9	7	9	7	3	3	7	8
8	9	7	9	7	2	8	8	3	9

21	22	23	24	25	26	27	28	29	30
1	6	3	9	2	5	4	9	7	8
7	9	8	8	6	2	8	7	9	9
9	4	9	2	7	8	6	9	3	2
2	7	8	7	4	4	7	4	7	7
7	9	7	9	8	7	3	8	9	9

평가 ___   확인 ___

실력다지기 주판으로 해 보세요.

1	2	3	4	5	6	7	8	9	10
3	4	4	4	3	8	8	4	3	9
7	9	7	7	6	9	7	7	7	7
9	7	3	9	7	8	4	1	4	3
7	8	9	8	9	4	7	6	9	7
2	7	8	7	2	7	3	7	8	2

11	12	13	14	15	16	17	18	19	20
8	1	4	9	4	1	3	2	2	8
0	3	7	9	9	8	8	6	7	7
7	7	7	9	7	8	7	9	7	3
4	8	7	4	3	3	7	2	2	9
7	9	3	7	8	7	3	7	7	8

암산술술 암산으로 해 보세요.

1	2	3	4	5	6	7	8	9	10
3	9	3	2	4	8	9	7	1	9
8	7	7	9	7	7	9	8	9	8

 평가

 확인

✏️ 공부한 날   월   일

실력다지기 주판으로 해 보세요.

1	2	3	4	5	6	7	8	9	10
7	4	2	3	3	6	4	4	4	1
2	9	9	6	6	3	9	7	7	7
7	7	3	7	7	7	7	8	9	7
3	4	7	2	2	9	8	8	2	4
7	7	8	7	8	4	7	2	8	7

11	12	13	14	15	16	17	18	19	20
7	9	4	6	6	3	8	5	9	9
2	7	7	3	3	7	7	4	9	8
7	2	6	7	7	8	4	7	7	2
9	7	1	9	2	7	7	3	3	9
3	4	7	2	7	2	2	7	8	7

암산술술 암산으로 해 보세요.

1	2	3	4	5	6	7	8	9	10
5	7	9	8	3	3	8	3	4	4
3	1	7	7	7	5	7	6	0	7
7	7	9	0	6	7	4	7	7	5

 평가 □   확인 □

10을 이용한 6의 덧셈

$4+6=10$

4
+ 6
——
10

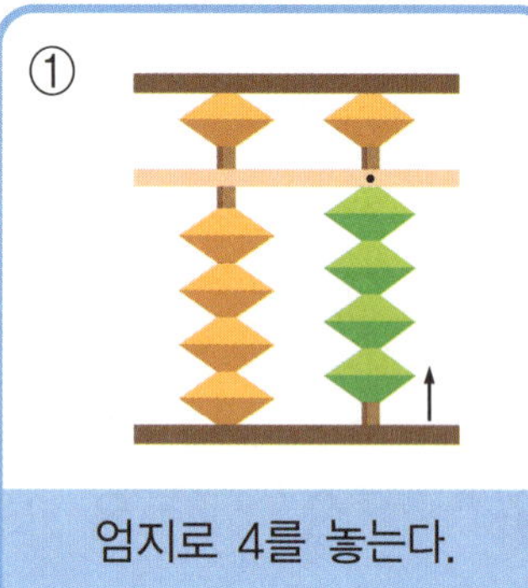

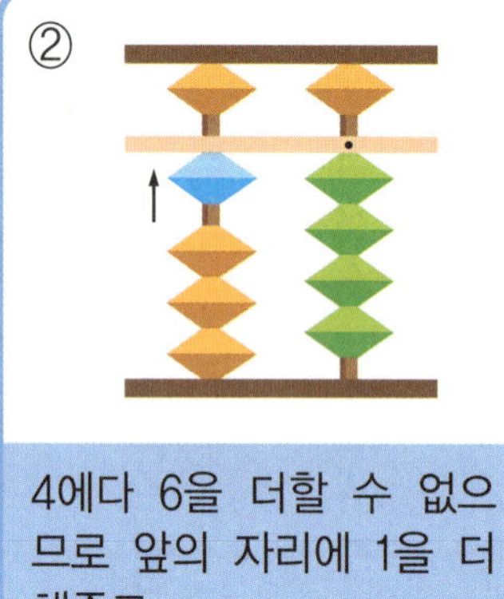

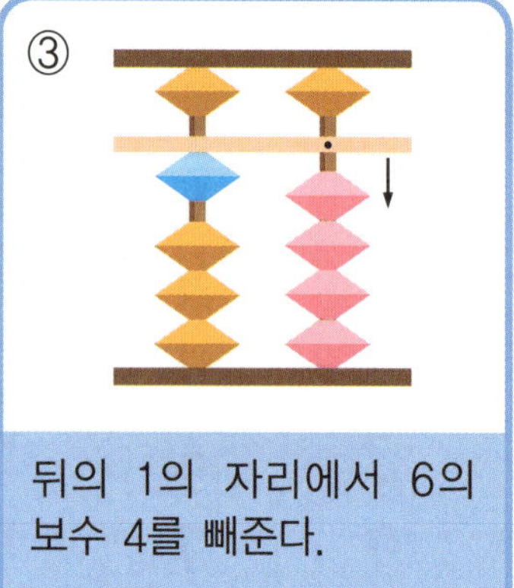

기초탄탄 주판으로 해 보세요.

1	2	3	4	5	6	7	8	9	10
9	4	7	3	1	2	5	6	8	9
6	8	8	7	9	8	4	9	7	7
3	7	4	9	9	4	6	4	4	3
8	6	6	6	6	6	3	6	6	6

11	12	13	14	15	16	17	18	19	20
1	9	2	4	3	8	5	6	7	9
8	9	7	7	9	1	4	3	2	8
6	1	6	8	7	6	6	6	6	2
4	6	3	6	6	4	4	2	4	6

평가 ⬚   확인 ⬚

기초탄탄 주판으로 해 보세요.

1	2	3	4	5	6	7	8	9	10
4	3	9	9	6	7	5	1	9	8
6	7	6	7	9	8	4	3	8	7
9	9	4	9	4	4	7	6	8	4
8	6	7	4	6	6	3	9	4	6
9	4	9	6	2	1	6	7	7	2

11	12	13	14	15	16	17	18	19	20
6	7	3	9	1	5	2	3	4	8
3	8	6	6	7	2	7	7	6	1
6	4	6	4	8	8	6	4	9	6
4	6	3	8	3	4	4	6	7	4
7	3	8	9	6	6	7	8	9	7

21	22	23	24	25	26	27	28	29	30
2	3	9	8	4	9	5	1	9	7
5	5	9	7	7	6	4	9	6	9
8	7	7	3	8	3	6	8	4	3
4	4	4	1	6	7	4	1	8	6
6	6	6	6	3	2	7	6	2	2

평가　　　　　　　확인

31

실력다지기 주판으로 해 보세요.

1	2	3	4	5	6	7	8	9	10
4	4	4	9	9	3	5	8	2	7
6	5	6	6	8	7	4	8	8	2
9	6	4	4	9	2	6	3	4	6
6	4	9	6	3	2	4	6	6	4
3	6	7	4	6	6	6	1	9	6

11	12	13	14	15	16	17	18	19	20
4	6	6	1	7	2	9	9	3	1
6	3	9	2	2	7	6	9	8	5
6	6	4	1	7	9	4	8	6	3
9	4	6	6	3	1	6	3	2	6
2	7	3	8	6	6	3	6	6	4

암산술술 암산으로 해 보세요.

1	2	3	4	5	6	7	8	9	10
4	9	7	8	4	3	7	9	6	2
7	6	9	7	6	7	8	7	9	8

✏ 공부한 날   월   일

실력다지기 주판으로 해 보세요.

1	2	3	4	5	6	7	8	9	10
4	7	4	5	9	4	2	1	8	9
8	8	6	1	6	5	7	8	1	6
2	4	2	9	3	7	6	6	6	3
6	6	6	4	1	3	3	4	3	7
5	2	8	6	6	6	7	6	7	4

11	12	13	14	15	16	17	18	19	20
2	3	2	8	4	3	1	2	8	3
9	6	9	7	6	8	8	8	9	1
8	6	3	4	8	9	6	9	8	6
6	4	6	6	7	4	4	6	4	9
1	6	7	3	1	6	9	3	6	6

암산술술 암산으로 해 보세요.

1	2	3	4	5	6	7	8	9	10
1	9	5	4	7	3	8	2	9	4
8	6	4	6	2	6	1	7	6	6
6	1	6	5	6	6	6	6	3	9

평가   확인

10을 이용한 5의 덧셈

$5+5=10$

$$\begin{array}{r} 5 \\ +\ 5 \\ \hline 10 \end{array}$$

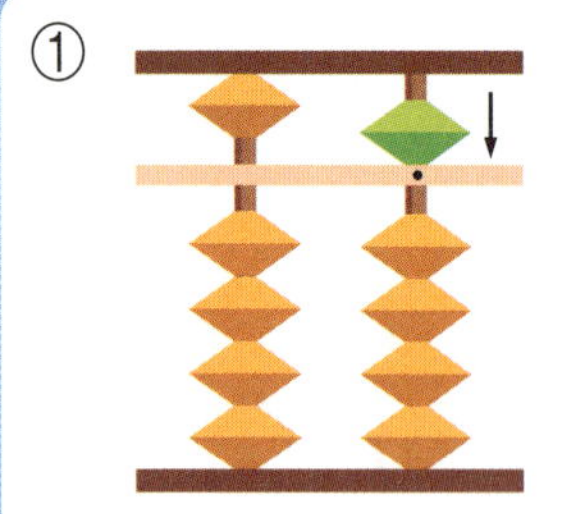

① 검지로 5를 놓는다.

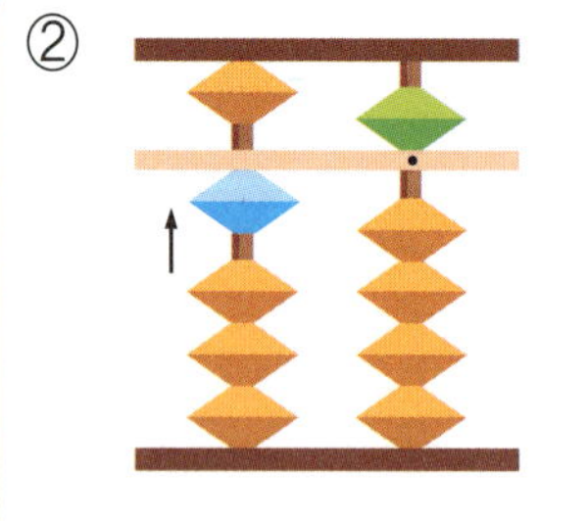

② 5에다 5를 더할 수 없으므로 앞의 자리에 1을 더해주고

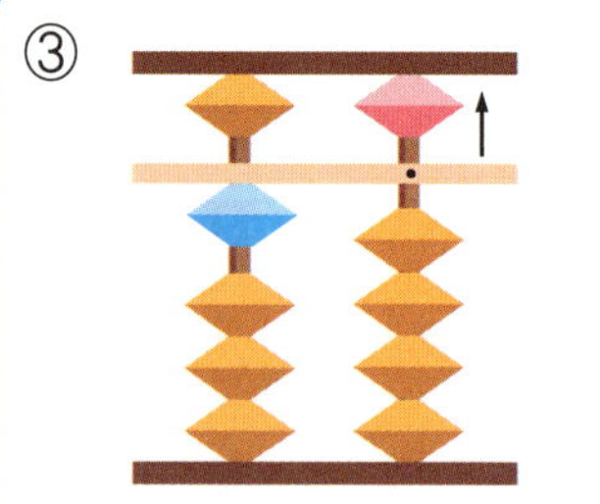

③ 뒤의 1의 자리에서 5의 보수 5를 빼준다.

기초탄탄 주판으로 해 보세요.

1	2	3	4	5	6	7	8	9	10
5	6	3	4	1	8	2	7	9	6
4	5	7	8	7	5	9	5	5	5
6	7	9	6	9	9	8	9	6	8
5	8	5	5	5	8	5	6	8	7

11	12	13	14	15	16	17	18	19	20
2	6	7	4	8	1	2	3	5	9
7	9	5	8	5	7	8	6	5	5
5	4	8	6	6	7	9	7	7	7
6	5	6	5	7	5	5	5	8	9

평가 ⬜

확인 ⬜

공부한 날   월   일

기초탄탄 주판으로 해 보세요.

1	2	3	4	5	6	7	8	9	10
4	1	2	8	7	6	5	8	3	9
7	8	7	5	9	3	4	7	9	5
8	7	5	7	5	5	6	4	7	9
6	5	6	4	3	7	5	6	5	8
5	9	9	6	6	9	7	5	6	6

11	12	13	14	15	16	17	18	19	20
6	4	1	3	2	7	5	6	8	9
5	5	8	7	9	5	5	9	5	6
7	7	5	9	8	8	9	4	7	4
8	5	6	5	5	4	6	5	9	5
9	9	7	6	6	6	5	8	6	7

21	22	23	24	25	26	27	28	29	30
7	8	2	1	4	9	3	5	6	9
5	9	7	6	7	6	9	2	3	7
6	5	6	5	9	2	7	5	7	5
7	7	5	9	6	5	5	8	5	8
4	6	9	9	5	8	8	6	9	6

확인

실력다지기 주판으로 해 보세요.

1	2	3	4	5	6	7	8	9	10
5	2	7	8	6	4	9	3	9	4
5	9	5	5	1	7	5	6	6	5
9	3	2	5	5	8	5	6	5	6
5	5	6	7	2	6	6	5	2	5
6	5	2	4	6	3	3	7	9	8

11	12	13	14	15	16	17	18	19	20
4	4	5	7	3	8	9	4	1	6
5	6	5	2	8	5	5	9	3	9
5	9	6	6	8	6	9	6	5	3
6	5	9	5	5	5	8	6	8	5
2	8	5	3	7	6	7	5	5	8

암산술술 암산으로 해 보세요.

1	2	3	4	5	6	7	8	9	10
8	7	9	6	7	5	9	8	9	6
5	8	7	5	5	5	5	8	9	9

평가

확인

실력다지기 주판으로 해 보세요.

1	2	3	4	5	6	7	8	9	10
3	4	3	2	6	2	9	7	7	4
9	8	8	7	5	6	6	5	8	6
7	5	9	6	3	5	5	2	4	8
5	1	6	5	5	8	6	5	5	5
5	5	5	7	5	9	2	5	6	1

11	12	13	14	15	16	17	18	19	20
1	4	9	9	1	4	7	9	8	4
8	9	6	5	7	6	5	7	1	8
5	7	5	6	1	6	6	9	6	5
6	6	7	5	5	9	5	4	3	2
5	5	9	5	6	5	9	5	5	5

암산술술 암산으로 해 보세요.

1	2	3	4	5	6	7	8	9	10
7	5	8	7	8	5	7	9	1	7
5	5	1	9	5	2	8	5	6	5
7	9	5	3	5	8	5	5	5	5

평가 ☐   확인 ☐

10을 이용한 4의 덧셈

$$6 + 4 = 10$$

6
+ 4
10

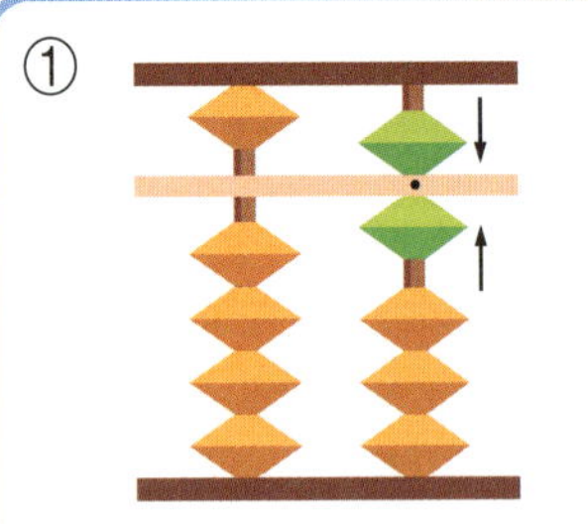

① 엄지와 검지로 6을 놓는다.

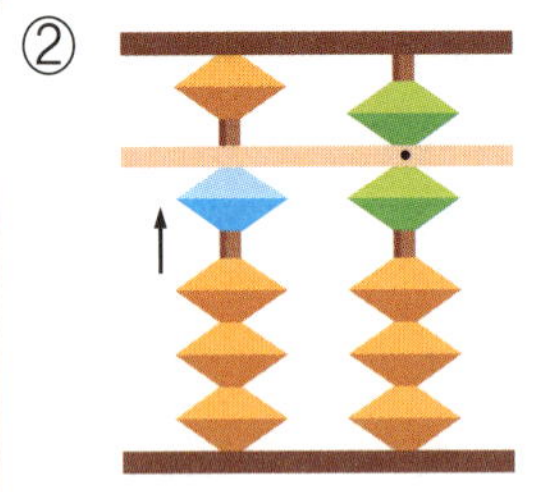

② 6에다 4를 더할 수 없으므로 앞의 자리에 1을 더해주고

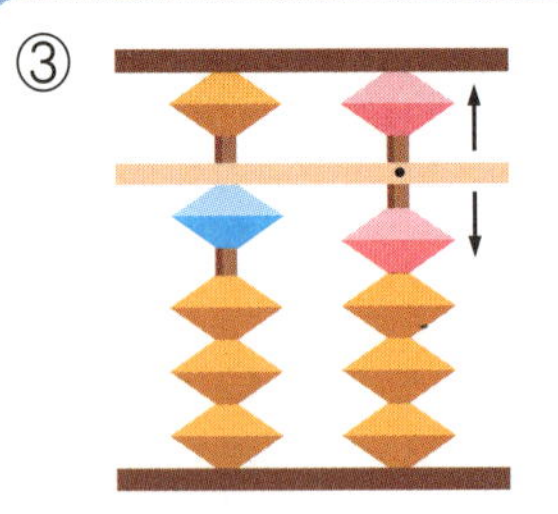

③ 뒤의 1의 자리에서 4의 보수 6을 빼준다.

기초탄탄 주판으로 해 보세요.

1	2	3	4	5	6	7	8	9	10
8	9	2	7	5	6	1	3	7	9
5	4	9	4	3	5	9	6	4	4
6	7	8	6	4	8	7	4	8	8
4	6	4	5	8	4	4	7	6	9

11	12	13	14	15	16	17	18	19	20
9	7	1	2	4	7	3	5	6	7
4	5	8	8	7	4	7	5	9	8
6	6	4	9	8	9	6	7	3	3
4	4	7	4	4	4	4	4	4	4

평가 　　　　　　　확인

기초탄탄 주판으로 해 보세요.

1	2	3	4	5	6	7	8	9	10
9	1	9	3	8	2	6	4	5	7
5	8	4	9	8	8	5	7	4	4
6	4	7	6	3	9	8	8	4	8
7	6	8	4	4	4	4	4	6	4
4	5	4	8	9	7	9	8	5	9

11	12	13	14	15	16	17	18	19	20
7	8	7	6	6	3	2	1	5	9
4	4	5	9	5	8	7	9	5	6
7	9	9	3	7	6	4	8	9	4
5	6	8	4	8	4	6	4	4	7
8	4	4	8	4	9	5	8	7	4

21	22	23	24	25	26	27	28	29	30
4	8	9	7	1	2	6	6	7	3
7	5	6	5	8	9	5	4	4	6
6	7	3	8	4	8	9	8	8	4
4	6	4	9	7	4	7	5	5	8
9	4	8	4	4	8	4	7	6	9

평가 ⬚   확인 ⬚

실력다지기 주판으로 해 보세요.

1	2	3	4	5	6	7	8	9	10
6	2	6	3	8	7	8	6	2	1
4	6	2	5	4	4	4	5	9	5
7	4	4	4	7	6	7	8	3	4
4	8	9	7	4	2	4	9	5	9
3	5	5	4	6	5	1	4	4	4

11	12	13	14	15	16	17	18	19	20
7	5	7	3	7	2	5	4	9	7
4	1	5	9	4	6	2	5	4	5
2	4	8	6	6	4	4	4	6	6
6	7	6	4	4	5	8	9	4	4
8	4	4	7	5	4	4	2	5	9

암산술술 암산으로 해 보세요.

1	2	3	4	5	6	7	8	9	10
5	4	7	8	9	6	7	8	9	4
5	9	8	5	7	4	4	4	4	8

평가

확인

실력다지기 주판으로 해 보세요.

1	2	3	4	5	6	7	8	9	10
8	8	9	6	1	4	5	8	8	3
4	4	4	3	7	6	2	4	9	1
5	6	7	4	4	8	4	5	4	5
4	4	8	9	9	4	6	4	5	4
7	6	1	8	3	9	4	5	3	9

11	12	13	14	15	16	17	18	19	20
5	4	9	6	9	1	2	6	2	9
5	7	4	4	4	8	9	9	5	4
8	6	5	9	8	4	8	2	4	5
9	1	4	4	3	5	4	4	9	4
4	4	1	5	7	7	1	8	4	7

암산술술 암산으로 해 보세요.

1	2	3	4	5	6	7	8	9	10
7	9	7	3	9	2	8	9	6	6
4	4	4	5	4	5	9	4	2	4
2	8	8	4	1	4	4	6	4	7

평가 　　　　　　　확인

# 10을 이용한 3의 덧셈

$7 + 3 = 10$

	7
+	3
	10

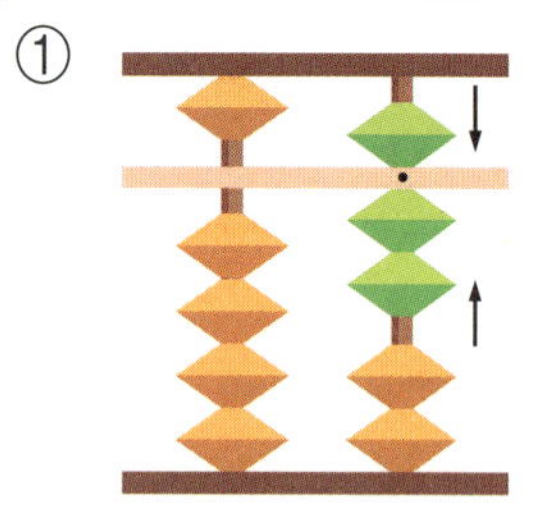

① 엄지와 검지로 7을 놓는다.

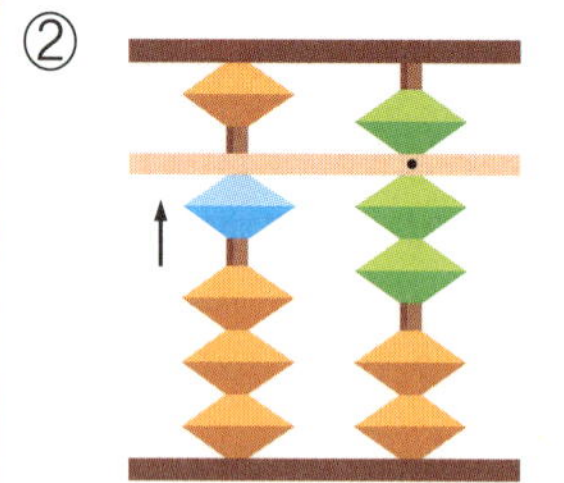

② 7에다 3을 더할 수 없으므로 앞의 자리에 1을 더해주고

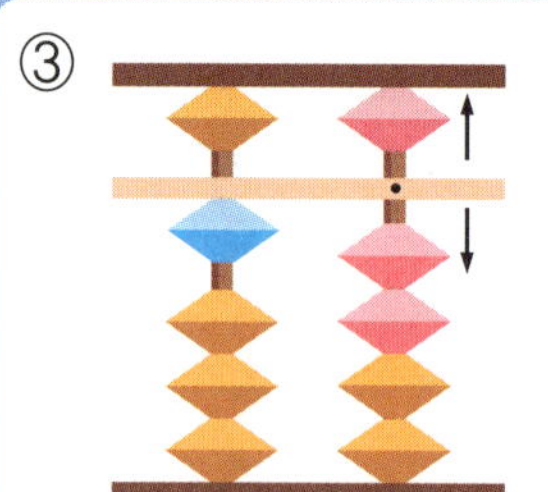

③ 뒤의 1의 자리에서 3의 보수 7을 빼준다.

기초탄탄 주판으로 해 보세요.

1	2	3	4	5	6	7	8	9	10
9	3	7	2	6	9	8	7	5	4
3	7	5	9	4	4	4	3	5	9
8	8	6	7	8	5	7	9	8	5
7	3	3	3	3	3	3	5	3	3

11	12	13	14	15	16	17	18	19	20
9	7	5	4	8	9	3	4	7	8
3	4	4	7	5	3	8	6	4	4
5	8	3	6	6	6	6	9	6	5
4	3	8	3	3	4	3	3	3	3

평가　　　　　　　확인

기초탄탄 주판으로 해 보세요.

1	2	3	4	5	6	7	8	9	10
9	5	7	6	9	3	2	8	1	4
4	5	4	5	3	5	8	4	8	6
7	8	9	9	8	4	9	8	3	9
8	3	8	7	4	7	3	9	5	3
3	9	3	3	7	3	9	3	4	8

11	12	13	14	15	16	17	18	19	20
1	8	7	6	5	2	9	4	9	3
7	3	3	4	4	9	4	7	3	7
3	6	6	9	3	8	6	9	5	9
8	5	4	3	7	3	3	8	4	3
4	8	9	9	5	8	8	3	9	8

21	22	23	24	25	26	27	28	29	30
9	3	7	1	6	2	4	9	7	8
5	6	3	9	4	9	5	8	5	3
6	4	9	8	7	6	3	4	8	9
8	5	8	3	3	3	5	7	7	5
3	3	4	9	6	7	4	3	3	5

실력다지기 주판으로 해 보세요.

1	2	3	4	5	6	7	8	9	10
5	7	2	9	2	7	4	8	6	6
2	3	5	6	5	3	5	3	2	4
3	8	3	4	9	6	5	9	3	9
1	3	9	3	2	5	7	7	7	3
9	9	3	7	3	8	4	3	3	7

11	12	13	14	15	16	17	18	19	20
1	7	8	9	9	7	4	4	1	8
8	3	3	3	3	4	5	5	8	3
3	9	7	7	5	8	3	3	3	8
2	5	4	3	3	3	9	6	7	3
5	9	6	6	8	6	3	3	4	7

암산술술 암산으로 해 보세요.

1	2	3	4	5	6	7	8	9	10
7	8	9	7	6	5	3	3	3	6
3	3	3	5	4	5	7	8	9	9

평가  확인

실력다지기 주판으로 해 보세요.

1	2	3	4	5	6	7	8	9	10
8	2	6	5	8	7	2	3	2	3
3	7	2	2	4	3	6	7	5	9
7	4	3	3	6	9	3	8	4	7
3	5	2	9	3	3	5	3	8	3
5	3	1	3	9	5	1	9	3	5

11	12	13	14	15	16	17	18	19	20
9	6	9	6	5	7	8	8	3	3
4	3	3	2	2	1	3	5	5	6
5	4	6	3	3	3	7	7	3	8
3	5	3	8	2	6	4	9	1	3
8	3	1	5	7	3	9	3	7	5

암산술술 암산으로 해 보세요.

1	2	3	4	5	6	7	8	9	10
7	9	9	8	6	7	7	3	8	1
3	9	3	9	2	3	3	5	3	8
2	3	1	3	3	3	4	3	5	3

평가 [　　　]　　　확인 [　　　]

10을 이용한 2의 덧셈

$9 + 2 = 11$

$$\begin{array}{r} 9 \\ +\ 2 \\ \hline 11 \end{array}$$

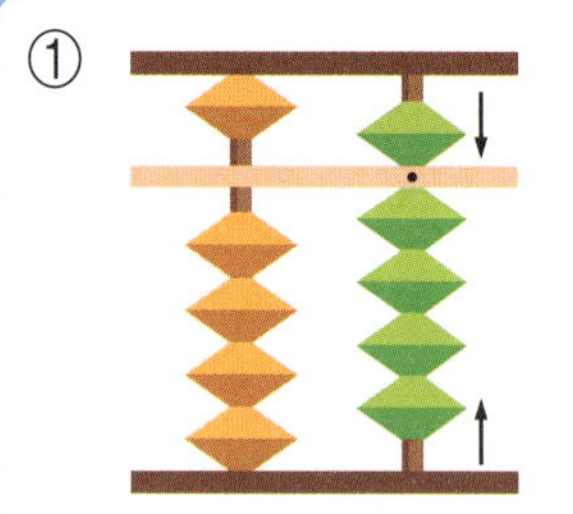

① 엄지와 검지로 9를 놓는다.

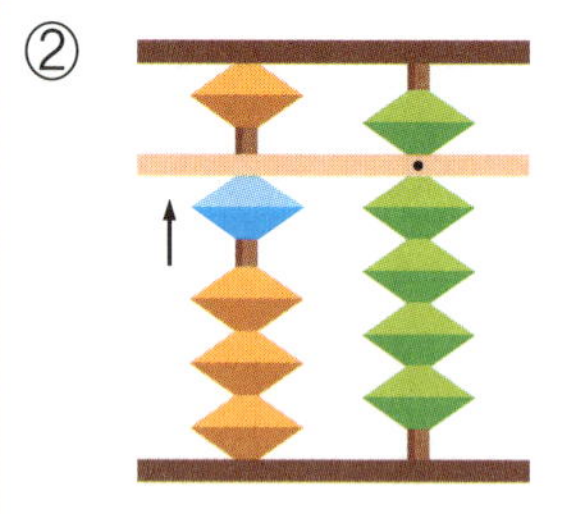

② 9에다 2를 더할 수 없으므로 앞의 자리에 1을 더해주고

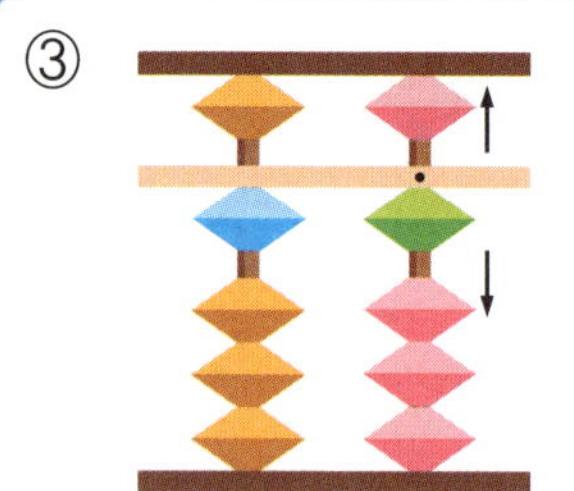

③ 뒤의 1의 자리에서 2의 보수 8을 빼준다.

기초탄탄 주판으로 해 보세요.

1	2	3	4	5	6	7	8	9	10
7	1	3	4	8	2	7	8	9	8
4	8	7	6	3	8	3	4	3	2
8	2	8	9	7	9	8	6	6	9
2	9	2	2	2	2	2	2	2	3

11	12	13	14	15	16	17	18	19	20
6	8	1	8	9	9	2	9	3	4
5	4	9	3	2	4	7	2	7	6
8	7	9	7	6	5	2	8	8	8
2	2	2	2	3	2	9	4	2	2

 평가 ⬜

확인 ⬜

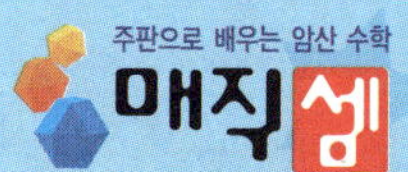

기초탄탄 주판으로 해 보세요.

1	2	3	4	5	6	7	8	9	10
9	2	3	7	5	8	1	4	9	6
2	8	9	4	5	3	9	6	6	5
8	9	8	8	9	9	8	8	4	9
3	2	8	2	2	8	2	2	9	8
9	6	2	9	9	2	7	7	2	2

11	12	13	14	15	16	17	18	19	20
9	8	1	6	5	9	4	2	3	7
2	2	8	4	4	6	6	9	6	8
9	9	7	8	3	4	9	8	2	4
7	6	3	2	7	2	2	2	9	2
3	5	2	9	2	5	7	9	4	9

21	22	23	24	25	26	27	28	29	30
5	7	8	9	9	3	9	6	7	9
4	4	4	2	6	7	4	4	3	3
2	7	8	8	4	8	7	9	8	6
9	2	9	8	2	2	8	2	2	2
6	5	2	5	9	3	2	5	4	5

실력다지기 주판으로 해 보세요.

1	2	3	4	5	6	7	8	9	10
5	9	8	9	3	9	6	2	7	8
4	2	2	2	6	5	3	6	4	1
2	6	9	8	2	9	2	2	8	2
3	1	2	2	8	6	7	8	2	8
6	2	6	3	2	2	2	2	6	2

11	12	13	14	15	16	17	18	19	20
5	4	3	4	1	7	9	5	9	3
3	5	5	5	8	2	2	4	2	5
2	3	2	2	3	2	8	2	7	7
8	7	9	9	7	8	2	6	5	4
3	2	2	5	2	2	5	5	1	2

암산술술 암산으로 해 보세요.

1	2	3	4	5	6	7	8	9	10
4	4	9	9	8	2	5	7	2	6
7	9	2	6	2	9	5	8	8	5

평가　　　　　　　확인

✏ 공부한 날 　 월 　 일

실력다지기 주판으로 해 보세요.

1	2	3	4	5	6	7	8	9	10
2	4	6	7	2	2	7	8	8	9
7	9	5	4	7	6	5	2	1	2
2	5	8	8	2	2	6	6	2	8
8	2	9	2	8	9	2	3	7	4
4	8	2	0	2	2	4	2	2	6

11	12	13	14	15	16	17	18	19	20
3	3	1	8	7	8	7	6	2	6
9	6	7	5	1	5	1	4	6	2
5	9	2	6	2	6	2	3	2	2
2	2	8	2	5	2	9	5	9	7
2	5	5	3	4	7	2	2	5	5

암산술술 암산으로 해 보세요.

1	2	3	4	5	6	7	8	9	10
9	7	6	8	9	9	5	8	7	6
2	1	3	2	2	2	4	2	2	2
8	2	2	3	5	7	2	6	2	2

평가 ⬜　　　확인 ⬜

10을 이용한 1의 덧셈

$9+1=10$

	9
+	1
	10

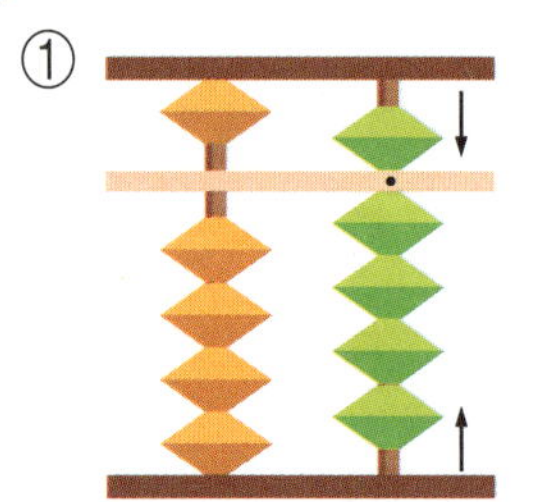

① 엄지와 검지로 9를 놓는다.

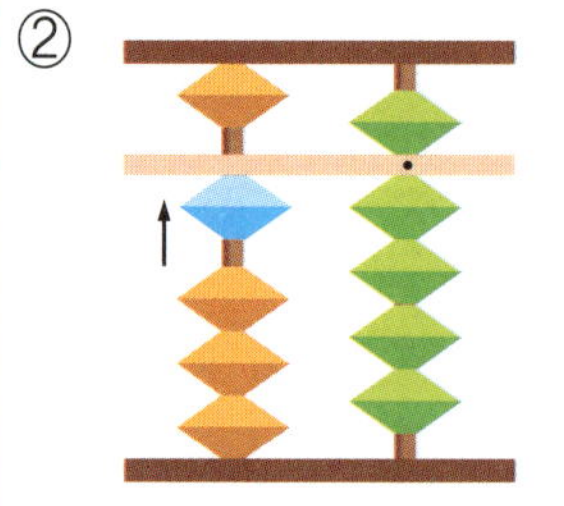

② 9에다 1을 더할 수 없으므로 앞의 자리에 1을 더해주고

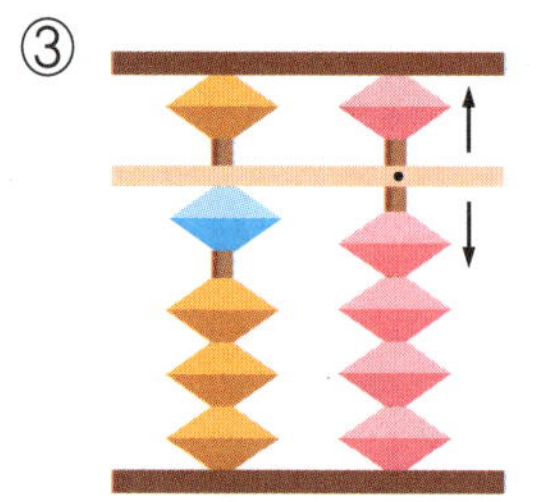

③ 뒤의 1의 자리에서 1의 보수 9를 빼준다.

기초탄탄 주판으로 해 보세요.

1	2	3	4	5	6	7	8	9	10
9	6	7	8	9	9	8	6	9	9
8	5	3	4	1	6	7	9	1	4
2	8	9	7	8	4	4	4	8	6
1	1	1	1	2	1	1	1	4	1

11	12	13	14	15	16	17	18	19	20
8	9	6	2	3	9	9	6	8	7
2	1	3	8	7	1	1	4	3	2
9	8	1	9	9	4	7	9	8	1
1	7	9	1	1	6	4	1	1	8

평가　　　　　　확인

기초탄탄 주판으로 해 보세요.

1	2	3	4	5	6	7	8	9	10
2	1	9	8	6	8	9	3	9	8
8	9	1	2	4	3	8	7	1	4
9	9	8	6	9	8	5	9	9	7
1	1	3	3	1	1	7	1	6	1
6	7	9	1	7	6	1	6	3	3

11	12	13	14	15	16	17	18	19	20
9	8	2	7	9	4	6	9	3	1
1	5	8	4	3	6	2	2	6	7
7	6	6	8	5	9	8	8	1	7
4	1	3	1	2	1	3	1	8	4
9	7	1	5	1	5	1	6	4	1

21	22	23	24	25	26	27	28	29	30
6	2	7	5	3	1	4	8	9	9
3	9	2	4	6	9	5	2	1	6
1	6	1	1	1	7	1	9	7	4
9	2	8	8	7	2	7	1	2	1
2	1	4	5	3	1	4	5	6	5

확인

실력다지기 주판으로 해 보세요.

1	2	3	4	5	6	7	8	9	10
8	9	1	6	7	3	2	1	9	7
4	1	8	3	4	9	6	8	1	2
7	7	4	1	8	2	5	1	4	1
1	2	6	8	1	5	6	4	5	5
2	1	1	2	7	1	1	7	3	3

11	12	13	14	15	16	17	18	19	20
4	5	3	8	5	9	6	2	7	6
8	4	5	1	2	1	5	7	4	3
7	1	4	1	5	4	8	1	5	1
1	8	7	9	7	5	1	6	3	9
6	2	1	1	1	1	7	3	1	1

암산술술 암산으로 해 보세요.

1	2	3	4	5	6	7	8	9	10
1	3	4	7	9	4	8	9	5	8
9	8	7	5	1	7	8	3	5	2

 평가 □   확인 □

✏ 공부한 날   월   일

실력다지기 주판으로 해 보세요.

1	2	3	4	5	6	7	8	9	10
3	3	5	5	8	6	6	4	1	1
6	6	4	1	5	4	4	9	8	8
1	1	1	3	6	9	8	6	1	1
7	5	6	1	1	1	1	1	9	9
8	4	2	7	8	3	1	5	5	1

11	12	13	14	15	16	17	18	19	20
7	7	6	9	5	2	3	5	4	4
3	5	5	1	2	9	6	4	8	5
9	7	3	3	8	8	1	1	5	1
1	1	5	5	4	1	8	7	2	9
4	6	1	8	1	3	9	8	1	1

암산술술 암산으로 해 보세요.

1	2	3	4	5	6	7	8	9	10
6	2	9	8	9	7	5	3	1	4
3	7	1	1	1	2	4	6	8	5
1	1	8	1	6	1	1	1	1	1

 평가   확인

구구단 2단 익히기

기초탄탄 2의 단 곱셈구구를 하여 답을 쓰세요.

1	2 × 1 =		21	2 × 3 =
2	2 × 2 =		22	2 × 4 =
3	2 × 3 =		23	2 × 5 =
4	2 × 4 =		24	2 × 6 =
5	2 × 5 =		25	2 × 7 =
6	2 × 6 =		26	2 × 8 =
7	2 × 7 =		27	2 × 9 =
8	2 × 8 =		28	2 × 1 =
9	2 × 9 =		29	2 × 2 =
10	2 × 1 =		30	2 × 3 =
11	2 × 2 =		31	2 × 4 =
12	2 × 3 =		32	2 × 5 =
13	2 × 4 =		33	2 × 6 =
14	2 × 5 =		34	2 × 7 =
15	2 × 6 =		35	2 × 8 =
16	2 × 7 =		36	2 × 9 =
17	2 × 8 =		37	2 × 1 =
18	2 × 9 =		38	2 × 2 =
19	2 × 1 =		39	2 × 3 =
20	2 × 2 =		40	2 × 0 =

평가 　　　　　　확인

기초탄탄 2의 단 곱셈구구를 하여 빈 칸에 써 보세요.

×	0	1	2	3	4	5	6	7	8	9
2										

×	1	3	5	7	9	0	2	4	6	8
2										

×	9	8	7	6	5	4	3	2	1	0
2										

×	4	2	8	6	9	0	1	5	7	3
2										

×	2	5	7	1	0	9	3	6	4	8
2										

×	9	3	2	5	6	1	0	8	4	7
2										

×	5	1	3	8	4	7	2	9	0	6
2										

×	3	9	5	2	1	7	6	4	8	0
2										

×	5	0	1	9	2	8	3	7	4	6
2										

종합 연습 문제 1

 **문제 1**　주판으로 해 보세요.

1	2	3	4	5	6	7	8	9	10
1	5	3	9	2	6	7	4	8	9
9	4	8	8	9	5	8	7	4	1
8	6	9	2	8	9	4	6	7	8
4	5	7	1	2	7	9	4	6	7
7	8	3	6	6	4	5	9	3	5

11	12	13	14	15	16	17	18	19	20
2	6	3	7	3	1	9	3	4	8
8	5	8	4	5	8	3	5	6	9
7	8	5	9	7	5	6	4	7	3
4	3	4	7	4	6	4	7	8	4
9	9	6	5	8	9	8	1	5	7

문제 2　암산으로 해 보세요.

1	2	3	4	5	6	7	8	9	10
7	2	9	3	9	8	6	6	8	7
3	8	1	8	6	2	5	3	4	4
8	9	7	5	4	5	8	7	9	8

 평가　　　　　　　확인

 **문제 3** 주판으로 해 보세요.

1	2	3	4	5	6	7	8	9	10
4	3	7	6	1	4	8	6	6	5
7	8	4	3	8	8	7	5	5	4
8	3	8	5	2	5	4	3	2	6
1	6	2	7	7	4	1	6	6	1
2	4	1	2	8	1	6	4	8	4

11	12	13	14	15	16	17	18	19	20
9	7	3	8	6	9	7	1	4	6
1	5	5	5	2	5	4	3	7	5
3	2	2	1	4	5	5	8	8	9
6	7	4	8	8	5	3	5	3	4
4	3	9	2	7	7	1	9	9	6

 **문제 4** 암산으로 해 보세요.

1	2	3	4	5	6	7	8	9	10
9	7	9	8	8	7	6	9	8	7
7	8	1	8	2	4	3	6	3	9
2	3	8	9	5	8	1	5	9	9

 **문제 5**   주판으로 해 보세요.

1	2	3	4	5	6	7	8	9	10
9	4	2	6	7	9	4	7	9	3
2	7	8	1	4	5	7	8	1	7
8	3	6	5	6	8	8	5	9	4
5	5	4	2	3	2	2	4	4	5
6	1	9	7	8	8	9	7	7	2

11	12	13	14	15	16	17	18	19	20
8	6	3	2	3	8	1	7	6	3
4	3	8	9	9	7	8	9	5	9
6	1	7	3	7	5	4	3	9	2
9	4	3	5	5	4	6	5	1	8
5	7	9	3	8	6	5	9	6	5

문제 6   암산으로 해 보세요.

1	2	3	4	5	6	7	8	9	10
8	9	7	6	9	8	4	8	6	9
7	3	2	9	2	4	8	2	4	6
5	8	1	5	9	6	8	5	9	5

 평가

 확인

 **문제 7**   주판으로 해 보세요.

1	2	3	4	5	6	7	8	9	10
8	4	2	9	2	7	4	1	7	3
2	8	9	5	8	4	5	8	2	9
9	2	3	6	9	3	8	5	9	2
3	7	6	4	4	5	3	8	8	6
6	5	5	5	7	2	9	5	5	3

11	12	13	14	15	16	17	18	19	20
9	6	3	2	9	8	4	5	9	9
4	3	8	8	1	4	8	2	4	5
7	5	9	4	8	2	1	5	1	6
6	7	4	5	5	6	7	2	8	9
5	2	7	3	7	5	9	8	7	1

문제 8   암산으로 해 보세요.

1	2	3	4	5	6	7	8	9	10
4	6	2	9	3	7	9	9	8	9
6	4	8	6	8	8	1	2	4	9
9	5	7	5	9	5	2	8	7	3

 **평가**   **확인**

 **문제 9** 주판으로 해 보세요.

1	2	3	4	5	6	7	8	9	10
3	2	6	9	8	5	4	7	9	7
7	8	5	2	5	4	9	2	2	4
4	9	3	6	7	3	6	4	3	8
6	4	5	8	4	8	1	9	6	6
2	6	2	4	9	9	5	8	2	5

11	12	13	14	15	16	17	18	19	20
7	2	1	6	2	3	5	8	8	9
9	7	9	4	9	7	4	5	1	5
3	1	4	3	3	9	6	6	5	8
5	8	5	5	5	6	4	2	6	6
8	9	3	2	4	5	2	9	4	3

문제 10 암산으로 해 보세요.

1	2	3	4	5	6	7	8	9	10
7	5	1	5	6	9	9	3	2	4
3	4	8	4	9	6	8	7	7	6
5	9	2	1	5	4	9	5	4	5

 평가 ⬜   확인 ⬜

 문제 11　주판으로 해 보세요.

1	2	3	4	5	6	7	8	9	10
2	1	6	4	5	5	4	9	8	3
6	3	4	8	4	3	6	5	4	7
7	6	7	5	2	5	7	7	9	4
4	9	3	2	8	5	5	3	6	5
3	2	9	1	6	4	9	8	3	2

11	12	13	14	15	16	17	18	19	20
9	6	1	2	7	7	6	8	3	4
3	9	7	1	1	5	3	5	6	9
7	5	3	9	4	1	7	1	5	9
6	4	9	7	8	6	4	7	6	5
5	8	6	2	9	1	7	3	9	1

문제 12　암산으로 해 보세요.

1	2	3	4	5	6	7	8	9	10
8	9	2	5	3	1	7	2	4	3
7	8	7	4	9	9	9	5	6	5
5	3	3	8	8	5	4	8	5	2

 평가　　　　　　　확인

기초탄탄 3의 단 곱셈구구를 하여 답을 쓰세요.

1	3 × 1 =		21	3 × 3 =
2	3 × 2 =		22	3 × 4 =
3	3 × 3 =		23	3 × 5 =
4	3 × 4 =		24	3 × 6 =
5	3 × 5 =		25	3 × 7 =
6	3 × 6 =		26	3 × 8 =
7	3 × 7 =		27	3 × 9 =
8	3 × 8 =		28	3 × 1 =
9	3 × 9 =		29	3 × 2 =
10	3 × 1 =		30	3 × 3 =
11	3 × 2 =		31	3 × 4 =
12	3 × 3 =		32	3 × 5 =
13	3 × 4 =		33	3 × 6 =
14	3 × 5 =		34	3 × 7 =
15	3 × 6 =		35	3 × 8 =
16	3 × 7 =		36	3 × 9 =
17	3 × 8 =		37	3 × 1 =
18	3 × 9 =		38	3 × 2 =
19	3 × 1 =		39	3 × 3 =
20	3 × 2 =		40	3 × 0 =

평가 ☐   확인 ☐

기초탄탄 3의 단 곱셈구구를 하여 빈 칸에 써 보세요.

×	0	1	2	3	4	5	6	7	8	9
3										

×	1	3	5	7	9	0	2	4	6	8
3										

×	9	8	7	6	5	4	3	2	1	0
3										

×	4	2	8	6	9	0	1	5	7	3
3										

×	2	5	7	1	0	9	3	6	4	8
3										

×	9	3	2	5	6	1	0	8	4	7
3										

×	5	1	3	8	4	7	2	9	0	6
3										

×	3	9	5	2	1	7	6	4	8	0
3										

×	5	0	1	9	2	8	3	7	4	6
3										

종합 연습 문제 2

 **문제 1** 주판으로 해 보세요.

1	2	3	4	5	6	7	8	9	10
1	4	6	4	9	8	1	9	7	2
9	5	4	9	6	3	8	2	8	7
7	9	8	8	4	9	3	7	2	9
8	9	9	9	1	2	2	4	9	2
4	2	3	2	7	6	8	9	3	8
2	3	8	7	5	2	9	8	7	7

11	12	13	14	15	16	17	18	19	20
8	7	3	4	8	4	3	8	8	6
4	9	7	9	4	9	9	3	7	9
7	5	9	6	9	9	9	9	3	5
5	8	1	7	3	9	1	5	4	3
8	3	4	4	5	8	7	4	7	7
7	6	6	5	1	5	1	6	8	2

문제 2 암산으로 해 보세요.

1	2	3	4	5	6	7	8	9	10
7	7	8	6	9	8	9	4	3	9
8	8	3	9	4	7	4	6	7	6
5	2	9	3	7	4	6	8	9	3
4	9	5	2	5	1	3	7	1	2

평가　　　　　　　　확인

 **문제 3** 주판으로 해 보세요.

1	2	3	4	5	6	7	8	9	10
8	1	6	9	8	7	9	9	9	8
2	8	5	8	3	3	5	9	2	4
5	7	7	2	2	9	6	8	5	7
4	4	2	6	9	5	3	2	3	1
2	9	4	4	5	6	8	5	9	9
3	1	8	3	4	7	5	7	5	3

11	12	13	14	15	16	17	18	19	20
7	8	9	9	8	4	6	3	5	7
5	7	1	4	1	6	5	7	3	8
6	5	2	8	9	5	1	2	5	4
2	4	5	6	2	5	2	9	6	3
4	5	4	4	5	9	8	8	1	7
9	3	2	8	3	8	5	7	9	6

문제 4 암산으로 해 보세요.

1	2	3	4	5	6	7	8	9	10
5	8	3	6	4	7	9	5	8	4
4	2	1	4	9	1	4	4	5	8
5	7	7	9	6	5	6	9	6	7
6	4	5	6	3	8	1	3	4	1

 평가

확인

 **문제 5**   주판으로 해 보세요.

1	2	3	4	5	6	7	8	9	10
2	9	7	5	1	8	4	4	3	6
9	1	3	4	8	5	7	9	7	5
7	2	8	1	3	6	9	6	1	8
8	9	9	8	2	2	2	1	2	2
4	5	2	2	8	8	8	9	6	8
2	4	6	6	9	6	5	6	7	6

11	12	13	14	15	16	17	18	19	20
9	9	8	7	9	3	4	8	3	2
2	6	7	5	4	7	7	4	9	2
9	4	3	2	8	5	8	1	1	5
8	1	4	8	3	2	5	8	5	7
3	8	7	7	8	3	6	5	7	9
5	5	2	1	9	5	9	4	5	5

 **문제 6**   암산으로 해 보세요.

1	2	3	4	5	6	7	8	9	10
8	7	8	9	4	9	7	9	8	3
3	3	2	1	9	6	5	6	7	9
5	4	1	8	5	4	8	5	5	8
4	7	9	4	3	1	4	2	3	1

 평가

 확인

 **문제 7** 주판으로 해 보세요.

1	2	3	4	5	6	7	8	9	10
8	7	5	9	6	2	7	9	8	6
3	5	3	8	3	5	3	5	3	3
7	7	9	2	7	8	4	5	5	5
2	4	5	1	2	4	5	2	3	8
9	7	7	9	8	7	1	5	2	5
6	6	1	6	5	9	8	3	5	9

11	12	13	14	15	16	17	18	19	20
9	5	7	9	7	3	8	9	8	7
6	4	5	6	8	5	2	3	7	5
4	8	2	4	5	8	7	6	5	8
9	1	6	2	2	5	4	5	6	5
3	9	8	8	7	2	8	8	9	4
8	2	7	1	4	7	1	7	4	2

 **문제 8** 암산으로 해 보세요.

1	2	3	4	5	6	7	8	9	10
7	6	9	4	3	1	9	8	7	9
3	5	1	5	6	8	4	5	5	6
6	8	7	4	5	2	1	6	7	4
5	2	8	7	9	7	6	7	8	5

 **문제 9** 주판으로 해 보세요.

1	2	3	4	5	6	7	8	9	10
4	1	5	7	8	5	8	2	1	8
5	6	4	3	2	2	3	1	9	5
6	5	4	9	7	5	7	9	6	6
4	8	9	6	2	7	5	5	9	1
2	4	2	3	9	4	6	2	4	4
3	5	7	7	8	9	1	3	6	7

11	12	13	14	15	16	17	18	19	20
8	3	6	9	7	4	7	4	9	7
2	9	9	5	4	8	5	8	6	5
9	9	2	5	8	8	2	2	4	8
1	2	3	8	1	5	6	5	2	2
7	1	7	1	9	3	7	6	8	5
8	7	2	2	3	9	4	3	5	3

문제 10 암산으로 해 보세요.

1	2	3	4	5	6	7	8	9	10
9	9	9	8	7	3	7	6	6	3
6	1	6	7	8	6	5	5	5	6
3	8	5	4	4	4	8	9	8	9
4	3	7	2	1	7	5	8	2	5

 평가

확인

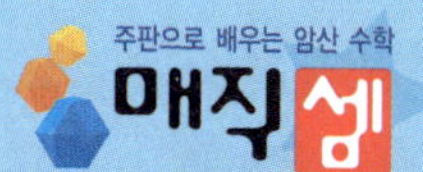

✎ 공부한 날   월   일

 **문제 11** 주판으로 해 보세요.

1	2	3	4	5	6	7	8	9	10
8	9	7	3	5	3	6	8	6	7
4	3	4	6	1	7	4	5	5	9
7	6	8	4	5	9	5	1	8	3
1	4	2	8	6	8	4	6	3	6
8	8	7	9	3	5	2	3	5	4
7	7	9	5	8	2	7	7	8	1

11	12	13	14	15	16	17	18	19	20
3	1	8	9	4	6	8	6	9	5
9	9	9	2	9	2	5	5	6	4
6	8	4	3	8	4	1	8	3	6
5	7	5	6	7	7	8	1	5	3
1	4	3	7	3	3	7	9	6	7
7	3	1	8	5	5	6	2	4	4

문제 12 암산으로 해 보세요.

1	2	3	4	5	6	7	8	9	10
7	6	2	2	9	8	6	7	6	9
5	4	6	7	6	8	9	4	5	6
5	5	7	9	4	2	4	8	8	4
8	5	4	2	1	9	3	1	2	3

 평가 ☐   확인 ☐

구구단 4단 익히기

기초탄탄　4의 단 곱셈구구를 하여 답을 쓰세요.

1	4 × 1 =		21	4 × 3 =
2	4 × 2 =		22	4 × 4 =
3	4 × 3 =		23	4 × 5 =
4	4 × 4 =		24	4 × 6 =
5	4 × 5 =		25	4 × 7 =
6	4 × 6 =		26	4 × 8 =
7	4 × 7 =		27	4 × 9 =
8	4 × 8 =		28	4 × 1 =
9	4 × 9 =		29	4 × 2 =
10	4 × 1 =		30	4 × 3 =
11	4 × 2 =		31	4 × 4 =
12	4 × 3 =		32	4 × 5 =
13	4 × 4 =		33	4 × 6 =
14	4 × 5 =		34	4 × 7 =
15	4 × 6 =		35	4 × 8 =
16	4 × 7 =		36	4 × 9 =
17	4 × 8 =		37	4 × 1 =
18	4 × 9 =		38	4 × 2 =
19	4 × 1 =		39	4 × 3 =
20	4 × 2 =		40	4 × 0 =

 평가　　　　　　　확인

기초탄탄 4의 단 곱셈구구를 하여 빈 칸에 써 보세요.

×	0	1	2	3	4	5	6	7	8	9
4										

×	1	3	5	7	9	0	2	4	6	8
4										

×	9	8	7	6	5	4	3	2	1	0
4										

×	4	2	8	6	9	0	1	5	7	3
4										

×	2	5	7	1	0	9	3	6	4	8
4										

×	9	3	2	5	6	1	0	8	4	7
4										

×	5	1	3	8	4	7	2	9	0	6
4										

×	3	9	5	2	1	7	6	4	8	0
4										

×	5	0	1	9	2	8	3	7	4	6
4										

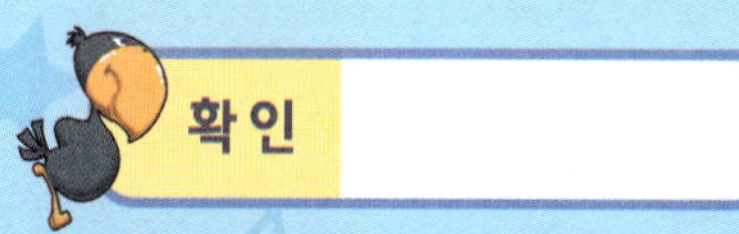

호산은 '부르다' 와 '셈하다' 가 합쳐진 것으로, 선생님이 불러주는 문제를 아이들이 정확하게 듣고 계산하는 학습 방법입니다. 주산 교육에서 호산은 우뇌와 좌뇌의 균형있는 계발과 집중력, 속청, 속독, 기억력 증진에 뛰어난 효능이 있습니다. 그러므로 주산식 암산 능력을 강화시키기 위해 빠르고 정확하게 알아듣는 훈련을 하는 호산 학습이 반드시 필요하다고 할 수 있습니다.

호산, 호산암산 답안지

날짜	1	2	3	4	5	6	7	8	9	10	점수

날짜	1	2	3	4	5	6	7	8	9	10	점수

날짜	1	2	3	4	5	6	7	8	9	10	점수

평가

확인

 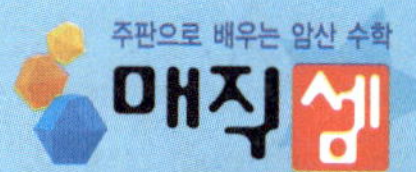

십의 자리에 연속 더하기

어떤 수에 28을 더할 때 십의 자리에 20을 놓은 후 일의 자리에서 8을 더할 때 더할 수가 없을 때는 20이 놓여있는 자리에 한 알을 올린 후 일의 자리에서 8의 보수 '2'를 **빼줍니다.**

$3 + 28 = 31$

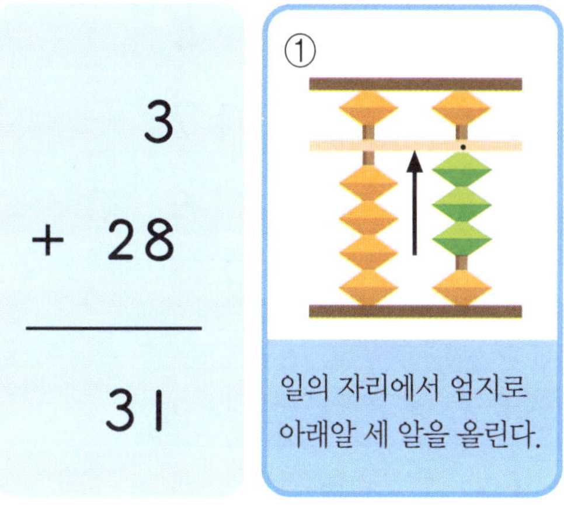

$$\begin{array}{r} 3 \\ + \ 28 \\ \hline 31 \end{array}$$

① 일의 자리에서 엄지로 아래알 세 알을 올린다.

② 십의 자리에서 엄지로 아래알 두 알을 올린다

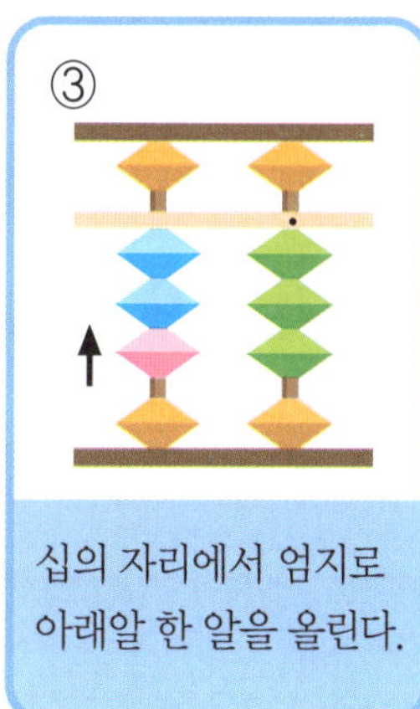

③ 십의 자리에서 엄지로 아래알 한 알을 올린다.

③ 일의 자리에서 8의 보수 '2'를 빼준다.

기초탄탄 주판으로 해 보세요.

1	2	3	4	5
2	6	9	5	1
19	25	14	3	8
6	3	1	37	16

6	7	8	9	10
3	7	4	8	2
28	13	5	1	5
2	4	22	31	15

평가

확인

종합 연습 문제 3

 **문제 1** 주판으로 해 보세요.

1	2	3	4	5	6	7	8	9	10
16	14	12	15	13	14	17	16	19	19
5	6	9	4	7	5	2	3	2	4
18	11	18	11	19	12	12	12	18	17
1	8	3	9	2	7	8	7	1	6

11	12	13	14	15	16	17	18	19	20
17	14	16	17	16	18	19	14	17	18
14	16	15	13	19	12	11	17	18	14
3	3	3	9	3	9	7	8	4	7
8	5	8	2	7	6	4	4	6	3

  암산으로 해 보세요.

1	2	3	4	5	6	7	8	9	10
3	6	3	9	3	2	5	3	1	6
8	5	9	2	7	7	3	9	8	5
6	3	2	8	5	3	4	2	5	8
5	6	7	4	4	7	7	5	9	1
9	2	8	5	1	8	6	3	7	9

 평가

확인

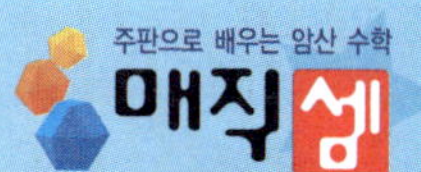

 **문제 3** 주판으로 해 보세요.

1	2	3	4	5	6	7	8	9	10
18	15	12	14	18	19	16	13	11	17
5	1	9	8	7	6	4	6	9	3
15	19	13	17	14	14	19	16	18	14
1	4	6	4	6	2	1	4	2	8

11	12	13	14	15	16	17	18	19	20
12	14	18	12	17	13	16	12	11	19
6	8	3	5	5	6	4	7	6	4
3	7	7	2	7	5	8	4	4	5
17	13	12	21	16	19	19	18	19	15

문제 4 암산으로 해 보세요.

1	2	3	4	5	6	7	8	9	10
2	7	4	8	5	9	3	4	1	8
8	5	7	3	4	6	6	6	7	5
1	9	9	9	2	4	7	8	9	9
7	8	8	4	8	5	3	4	2	7
5	1	4	6	7	8	2	9	1	3

 평가 　　　　　　　확인

 **문제 5**　주판으로 해 보세요.

1	2	3	4	5	6	7	8	9	10
16	17	15	13	18	15	18	14	19	14
13	5	4	9	5	4	4	6	6	6
5	16	11	2	16	18	7	9	2	17
6	4	9	16	9	3	16	11	18	2

11	12	13	14	15	16	17	18	19	20
8	6	13	4	5	15	14	5	16	9
17	13	7	15	14	14	8	14	12	8
14	7	4	7	16	8	15	11	2	12
7	12	18	12	3	9	9	8	8	17

 **문제 6**　암산으로 해 보세요.

1	2	3	4	5	6	7	8	9	10
3	9	2	8	9	1	4	7	6	2
5	7	6	3	6	7	9	9	2	5
5	1	4	8	4	8	5	3	8	5
7	8	7	2	1	4	3	1	4	7
6	2	6	9	7	9	7	5	6	2

 평가　　　　　　　확인

공부한 날   월   일

   주판으로 해 보세요.

1	2	3	4	5	6	7	8	9	10
19	18	13	18	11	13	12	13	17	18
7	7	6	7	7	5	8	1	8	8
2	3	7	2	3	8	3	8	2	2
11	11	12	12	15	11	15	11	12	11

11	12	13	14	15	16	17	18	19	20
13	12	13	17	18	15	15	12	16	11
16	18	11	18	18	14	12	12	19	18
8	3	8	2	1	9	1	9	1	2
1	6	1	2	2	1	9	5	3	8

문제 8   암산으로 해 보세요.

1	2	3	4	5	6	7	8	9	10
6	2	8	6	5	2	3	4	2	3
2	9	7	9	2	7	6	7	7	7
5	7	4	4	3	8	2	9	6	2
1	7	2	1	8	2	7	9	3	9
6	1	6	8	4	6	8	1	4	9

확인

 **문제 9** 주판으로 해 보세요.

1	2	3	4	5	6	7	8	9	10
14	17	11	12	19	18	14	17	16	18
6	2	8	7	1	3	5	1	3	2
11	11	11	11	17	12	12	12	19	19
9	9	9	9	2	7	8	9	8	3

11	12	13	14	15	16	17	18	19	20
17	25	13	19	18	22	17	23	18	16
1	1	6	19	9	1	12	7	5	3
19	9	8	1	12	19	4	11	1	19
9	13	19	3	3	6	6	3	15	1

문제 10 암산으로 해 보세요.

1	2	3	4	5	6	7	8	9	10
7	8	9	6	1	3	5	9	3	4
8	7	6	2	5	7	4	1	9	7
5	5	4	7	5	7	6	8	7	2
6	8	1	4	8	8	3	3	2	6
9	4	8	3	2	5	9	9	8	6

평가

 확인

 **문제 11** 주판으로 해 보세요.

1	2	3	4	5	6	7	8	9	10
24	18	25	15	4	12	23	17	16	21
6	8	14	24	17	5	6	22	11	3
11	12	1	1	20	18	12	3	5	18
3	1	5	3	5	3	7	5	7	5

11	12	13	14	15	16	17	18	19	20
25	19	22	14	15	26	17	28	16	19
11	16	17	28	13	3	8	12	1	2
5	3	2	1	7	11	21	1	19	15
6	1	7	5	4	7	1	6	3	2

문제 12 암산으로 해 보세요.

1	2	3	4	5	6	7	8	9	10
4	3	3	7	9	6	1	4	8	3
6	7	6	1	6	3	5	0	8	1
5	9	2	3	4	8	4	7	9	7
2	8	8	8	5	4	9	8	4	9
9	9	4	1	7	9	2	1	3	8

# 구구단 5단 익히기

기초탄탄 5의 단 곱셈구구를 하여 답을 쓰세요.

1	5 × 1 =		21	5 × 3 =
2	5 × 2 =		22	5 × 4 =
3	5 × 3 =		23	5 × 5 =
4	5 × 4 =		24	5 × 6 =
5	5 × 5 =		25	5 × 7 =
6	5 × 6 =		26	5 × 8 =
7	5 × 7 =		27	5 × 9 =
8	5 × 8 =		28	5 × 1 =
9	5 × 9 =		29	5 × 2 =
10	5 × 1 =		30	5 × 3 =
11	5 × 2 =		31	5 × 4 =
12	5 × 3 =		32	5 × 5 =
13	5 × 4 =		33	5 × 6 =
14	5 × 5 =		34	5 × 7 =
15	5 × 6 =		35	5 × 8 =
16	5 × 7 =		36	5 × 9 =
17	5 × 8 =		37	5 × 1 =
18	5 × 9 =		38	5 × 2 =
19	5 × 1 =		39	5 × 3 =
20	5 × 2 =		40	5 × 0 =

평가 ☐    확인 ☐

✏ 공부한 날　　월　　일

기초탄탄 5의 단 곱셈구구를 하여 빈 칸에 써 보세요.

×	0	1	2	3	4	5	6	7	8	9
5										

×	1	3	5	7	9	0	2	4	6	8
5										

×	9	8	7	6	5	4	3	2	1	0
5										

×	4	2	8	6	9	0	1	5	7	3
5										

×	2	5	7	1	0	9	3	6	4	8
5										

×	9	3	2	5	6	1	0	8	4	7
5										

×	5	1	3	8	4	7	2	9	0	6
5										

×	3	9	5	2	1	7	6	4	8	0
5										

×	5	0	1	9	2	8	3	7	4	6
5										

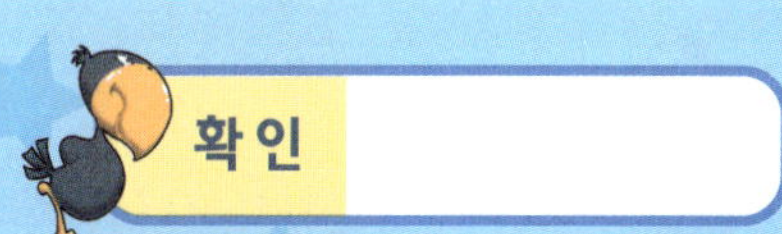

종합 연습 문제 4

 **문제 1** 주판으로 해 보세요.

1	2	3	4	5	6	7	8	9	10
17	18	13	16	18	16	7	17	12	17
9	15	1	14	1	3	18	3	15	5
15	6	17	3	2	14	13	8	3	9
2	2	9	7	19	7	4	14	9	16
1	3	2	8	5	3	2	6	6	2

11	12	13	14	15	16	17	18	19	20
16	6	3	17	18	18	8	9	17	18
3	14	19	14	5	17	19	18	18	12
17	8	11	5	7	4	10	5	3	6
4	15	8	1	14	2	2	2	2	4
8	1	5	9	5	3	1	15	4	7

문제 2 암산으로 해 보세요.

1	2	3	4	5	6	7	8	9	10
7	8	2	3	5	9	3	3	9	5
1	1	7	7	3	1	8	9	8	4
5	7	1	1	2	4	5	7	2	2
9	2	9	8	9	5	3	4	3	8
6	4	8	6	6	2	9	6	8	5

평가  확인

공부한 날   월   일

 **문제 3** 주판으로 해 보세요.

1	2	3	4	5	6	7	8	9	10
13	11	14	3	8	18	14	12	7	15
16	18	6	18	14	2	16	8	13	4
4	5	19	6	17	5	8	9	9	18
8	9	1	13	2	14	7	16	11	5
7	1	5	4	3	6	3	3	6	6

11	12	13	14	15	16	17	18	19	20
12	16	3	7	3	11	19	13	14	18
18	5	18	4	15	8	3	5	16	9
7	18	15	19	17	15	6	4	7	13
4	3	4	7	4	6	14	8	8	4
3	5	6	11	8	9	5	11	3	5

문제 4 암산으로 해 보세요.

1	2	3	4	5	6	7	8	9	10
3	9	6	7	5	5	9	3	4	9
9	3	3	3	3	4	6	9	7	5
6	5	6	5	4	1	3	7	6	9
7	2	5	4	8	9	4	2	8	6
5	6	6	1	6	2	5	8	5	8

 평가 [   ]   확인 [   ]

 **문제 5** 주판으로 해 보세요.

1	2	3	4	5	6	7	8	9	10
19	12	7	14	19	18	13	3	11	16
12	8	14	7	11	4	7	19	18	5
8	6	16	8	9	16	14	7	4	17
5	14	3	12	4	9	5	14	6	1
5	9	8	6	5	1	2	5	5	6

11	12	13	14	15	16	17	18	19	20
3	6	17	11	9	8	4	15	6	2
16	13	11	7	13	4	16	4	14	16
15	7	4	13	7	19	7	12	7	7
6	14	8	9	6	16	15	8	13	4
9	7	9	6	14	2	1	6	9	13

문제 6 암산으로 해 보세요.

1	2	3	4	5	6	7	8	9	10
1	2	2	1	3	3	7	9	8	7
3	8	9	9	7	9	2	6	1	5
6	7	8	9	5	7	7	4	9	6
8	4	1	3	4	6	3	2	3	4
5	8	7	8	2	5	1	8	5	8

 평가

 확인

 **문제 7** 주판으로 해 보세요.

1	2	3	4	5	6	7	8	9	10
8	5	16	12	13	1	7	4	4	12
9	12	19	7	1	17	13	17	19	7
14	4	4	16	5	15	9	18	16	14
15	18	2	4	19	8	1	4	2	9
2	9	8	7	8	3	18	5	5	6

11	12	13	14	15	16	17	18	19	20
15	16	18	9	6	1	8	15	17	19
4	5	15	16	4	9	12	4	19	7
17	8	6	4	18	8	5	18	4	14
5	4	7	18	7	14	14	3	6	8
7	11	3	2	13	16	3	6	2	1

문제 8 암산으로 해 보세요.

1	2	3	4	5	6	7	8	9	10
3	9	2	7	4	1	4	3	7	1
6	7	7	5	6	8	7	7	3	7
7	9	4	6	9	9	8	9	9	8
9	4	8	2	3	5	2	1	1	9
2	1	5	9	8	6	9	6	8	4

 평가 　　　　　　확인

 **문제 9** 주판으로 해 보세요.

1	2	3	4	5	6	7	8	9	10
8	19	14	2	4	18	16	3	4	17
14	15	7	18	6	9	14	18	16	2
5	6	18	17	19	12	8	16	9	9
19	2	6	4	8	4	2	4	17	4
3	1	3	5	12	6	3	2	1	16

11	12	13	14	15	16	17	18	19	20
15	16	16	16	1	17	8	3	3	9
4	15	2	9	19	9	15	17	6	3
16	8	14	3	18	3	11	9	14	16
3	3	7	14	7	6	6	18	8	14
7	6	3	7	4	12	3	1	15	6

문제 10 암산으로 해 보세요.

1	2	3	4	5	6	7	8	9	10
3	3	2	6	6	1	5	8	8	5
1	7	7	1	9	9	2	7	9	4
5	9	6	8	4	6	4	4	4	8
9	2	4	4	8	5	8	3	8	5
8	8	1	3	4	9	6	6	1	6

 평가

확인

문제 11 주판으로 해 보세요.

1	2	3	4	5	6	7	8	9	10
17	18	13	16	12	7	5	19	9	2
14	15	7	14	17	12	14	5	2	8
8	6	9	3	4	14	3	8	16	19
6	2	16	5	8	9	18	6	18	4
3	7	4	2	3	5	9	11	4	16

11	12	13	14	15	16	17	18	19	20
9	14	9	13	9	17	14	2	2	8
14	18	11	8	14	12	5	18	9	2
1	1	8	19	7	9	18	9	13	9
18	7	15	1	16	5	3	4	16	13
7	9	6	7	2	1	9	15	5	16

문제 12 암산으로 해 보세요.

1	2	3	4	5	6	7	8	9	10
4	9	8	3	8	3	2	8	6	9
8	3	7	7	1	6	8	4	2	5
7	9	4	4	2	4	9	8	5	7
1	7	2	6	8	8	1	6	8	3
2	4	1	2	5	9	5	5	6	6

다음의 숫자를 주판에 놓고 읽어보세요.

39	54	63	71	58
76	27	81	94	49
67	19	34	46	56
83	97	12	34	68
26	33	29	41	55
99	60	78	15	21
38	44	90	51	72
23	90	88	40	74
79	80	11	52	64
92	17	36	92	13

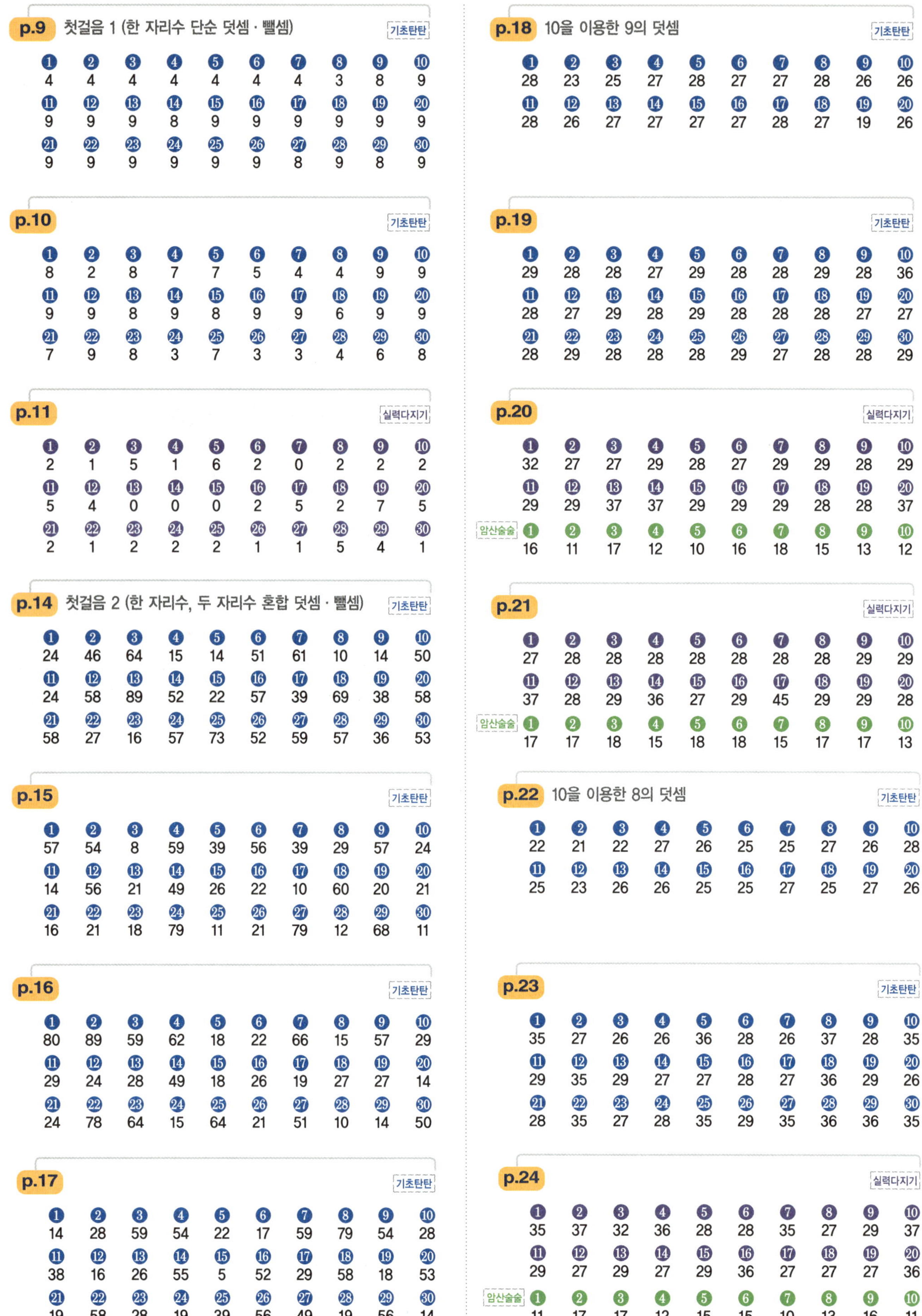

p.9 첫걸음 1 (한 자리수 단순 덧셈·뺄셈) 기초탄탄

1	2	3	4	5	6	7	8	9	10
4	4	4	4	4	4	4	3	8	9

11	12	13	14	15	16	17	18	19	20
9	9	9	8	9	9	9	9	9	9

21	22	23	24	25	26	27	28	29	30
9	9	9	9	9	9	8	9	8	9

p.10 기초탄탄

1	2	3	4	5	6	7	8	9	10
8	2	8	7	7	5	4	4	9	9

11	12	13	14	15	16	17	18	19	20
9	9	8	9	8	9	9	6	9	9

21	22	23	24	25	26	27	28	29	30
7	9	8	3	7	3	3	4	6	8

p.11 실력다지기

1	2	3	4	5	6	7	8	9	10
2	1	5	1	6	2	0	2	2	2

11	12	13	14	15	16	17	18	19	20
5	4	0	0	0	2	5	2	7	5

21	22	23	24	25	26	27	28	29	30
2	1	2	2	2	1	1	5	4	1

p.14 첫걸음 2 (한 자리수, 두 자리수 혼합 덧셈·뺄셈) 기초탄탄

1	2	3	4	5	6	7	8	9	10
24	46	64	15	14	51	61	10	14	50

11	12	13	14	15	16	17	18	19	20
24	58	89	52	22	57	39	69	38	58

21	22	23	24	25	26	27	28	29	30
58	27	16	57	73	52	59	57	36	53

p.15 기초탄탄

1	2	3	4	5	6	7	8	9	10
57	54	8	59	39	56	39	29	57	24

11	12	13	14	15	16	17	18	19	20
14	56	21	49	26	22	10	60	20	21

21	22	23	24	25	26	27	28	29	30
16	21	18	79	11	21	79	12	68	11

p.16 기초탄탄

1	2	3	4	5	6	7	8	9	10
80	89	59	62	18	22	66	15	57	29

11	12	13	14	15	16	17	18	19	20
29	24	28	49	18	26	19	27	27	14

21	22	23	24	25	26	27	28	29	30
24	78	64	15	64	21	51	10	14	50

p.17 기초탄탄

1	2	3	4	5	6	7	8	9	10
14	28	59	54	22	17	59	79	54	28

11	12	13	14	15	16	17	18	19	20
38	16	26	55	5	52	29	58	18	53

21	22	23	24	25	26	27	28	29	30
19	58	28	19	39	56	49	19	56	14

p.18 10을 이용한 9의 덧셈 기초탄탄

1	2	3	4	5	6	7	8	9	10
28	23	25	27	28	27	27	28	26	26

11	12	13	14	15	16	17	18	19	20
28	26	27	27	27	27	28	27	19	26

p.19 기초탄탄

1	2	3	4	5	6	7	8	9	10
29	28	28	27	29	28	28	29	28	36

11	12	13	14	15	16	17	18	19	20
28	27	29	28	29	28	28	28	27	27

21	22	23	24	25	26	27	28	29	30
28	29	28	28	28	29	27	28	28	29

p.20 실력다지기

1	2	3	4	5	6	7	8	9	10
32	27	27	29	28	27	29	29	28	29

11	12	13	14	15	16	17	18	19	20
29	29	37	37	29	29	29	28	28	37

암산술술

1	2	3	4	5	6	7	8	9	10
16	11	17	12	10	16	18	15	13	12

p.21 실력다지기

1	2	3	4	5	6	7	8	9	10
27	28	28	28	28	28	28	28	29	29

11	12	13	14	15	16	17	18	19	20
37	28	29	36	27	29	45	29	29	28

암산술술

1	2	3	4	5	6	7	8	9	10
17	17	18	15	18	18	15	17	17	13

p.22 10을 이용한 8의 덧셈 기초탄탄

1	2	3	4	5	6	7	8	9	10
22	21	22	27	26	25	25	27	26	28

11	12	13	14	15	16	17	18	19	20
25	23	26	26	25	25	27	25	27	26

p.23 기초탄탄

1	2	3	4	5	6	7	8	9	10
35	27	26	26	36	28	26	37	28	35

11	12	13	14	15	16	17	18	19	20
29	35	29	27	27	28	27	36	29	26

21	22	23	24	25	26	27	28	29	30
28	35	27	28	35	29	35	36	36	35

p.24 실력다지기

1	2	3	4	5	6	7	8	9	10
35	37	32	36	28	28	35	27	29	37

11	12	13	14	15	16	17	18	19	20
29	27	29	27	29	36	27	27	27	36

암산술술

1	2	3	4	5	6	7	8	9	10
11	17	17	12	15	15	10	13	16	11

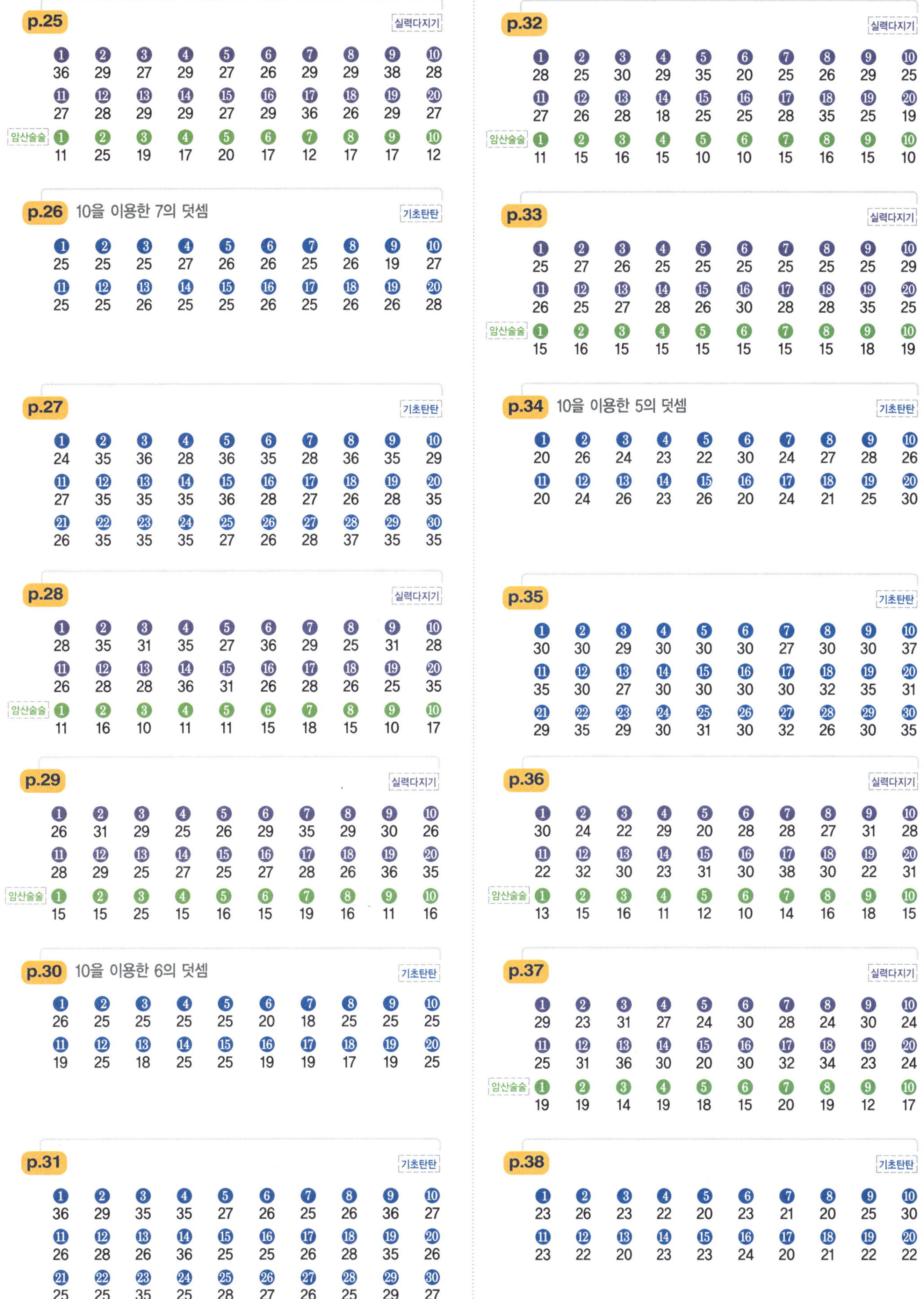

p.25 실력다지기

①	②	③	④	⑤	⑥	⑦	⑧	⑨	⑩
36	29	27	29	27	26	29	29	38	28

⑪	⑫	⑬	⑭	⑮	⑯	⑰	⑱	⑲	⑳
27	28	29	29	27	29	36	26	29	27

암산술술

①	②	③	④	⑤	⑥	⑦	⑧	⑨	⑩
11	25	19	17	20	17	12	17	17	12

p.26 10을 이용한 7의 덧셈 기초탄탄

①	②	③	④	⑤	⑥	⑦	⑧	⑨	⑩
25	25	25	27	26	26	25	26	19	27

⑪	⑫	⑬	⑭	⑮	⑯	⑰	⑱	⑲	⑳
25	25	26	25	25	26	25	26	26	28

p.27 기초탄탄

①	②	③	④	⑤	⑥	⑦	⑧	⑨	⑩
24	35	36	28	36	35	28	36	35	29

⑪	⑫	⑬	⑭	⑮	⑯	⑰	⑱	⑲	⑳
27	35	35	35	36	28	27	26	28	35

㉑	㉒	㉓	㉔	㉕	㉖	㉗	㉘	㉙	㉚
26	35	35	35	27	26	28	37	35	35

p.28 실력다지기

①	②	③	④	⑤	⑥	⑦	⑧	⑨	⑩
28	35	31	35	27	36	29	25	31	28

⑪	⑫	⑬	⑭	⑮	⑯	⑰	⑱	⑲	⑳
26	28	28	36	31	26	28	26	25	35

암산술술

①	②	③	④	⑤	⑥	⑦	⑧	⑨	⑩
11	16	10	11	11	15	18	15	10	17

p.29 실력다지기

①	②	③	④	⑤	⑥	⑦	⑧	⑨	⑩
26	31	29	25	26	29	35	29	30	26

⑪	⑫	⑬	⑭	⑮	⑯	⑰	⑱	⑲	⑳
28	29	25	27	25	27	28	26	36	35

암산술술

①	②	③	④	⑤	⑥	⑦	⑧	⑨	⑩
15	15	25	15	16	15	19	16	11	16

p.30 10을 이용한 6의 덧셈 기초탄탄

①	②	③	④	⑤	⑥	⑦	⑧	⑨	⑩
26	25	25	25	25	20	18	25	25	25

⑪	⑫	⑬	⑭	⑮	⑯	⑰	⑱	⑲	⑳
19	25	18	25	25	19	19	17	19	25

p.31 기초탄탄

①	②	③	④	⑤	⑥	⑦	⑧	⑨	⑩
36	29	35	35	27	26	25	26	36	27

⑪	⑫	⑬	⑭	⑮	⑯	⑰	⑱	⑲	⑳
26	28	26	36	25	25	26	28	35	26

㉑	㉒	㉓	㉔	㉕	㉖	㉗	㉘	㉙	㉚
25	25	35	25	28	27	26	25	29	27

p.32 실력다지기

①	②	③	④	⑤	⑥	⑦	⑧	⑨	⑩
28	25	30	29	35	20	25	26	29	25

⑪	⑫	⑬	⑭	⑮	⑯	⑰	⑱	⑲	⑳
27	26	28	18	25	25	28	35	25	19

암산술술

①	②	③	④	⑤	⑥	⑦	⑧	⑨	⑩
11	15	16	15	10	10	15	16	15	10

p.33 실력다지기

①	②	③	④	⑤	⑥	⑦	⑧	⑨	⑩
25	27	26	25	25	25	25	25	25	29

⑪	⑫	⑬	⑭	⑮	⑯	⑰	⑱	⑲	⑳
26	25	27	28	26	30	28	28	35	25

암산술술

①	②	③	④	⑤	⑥	⑦	⑧	⑨	⑩
15	16	15	15	15	15	15	15	18	19

p.34 10을 이용한 5의 덧셈 기초탄탄

①	②	③	④	⑤	⑥	⑦	⑧	⑨	⑩
20	26	24	23	22	30	24	27	28	26

⑪	⑫	⑬	⑭	⑮	⑯	⑰	⑱	⑲	⑳
20	24	26	23	26	20	24	21	25	30

p.35 기초탄탄

①	②	③	④	⑤	⑥	⑦	⑧	⑨	⑩
30	30	29	30	30	30	27	30	30	37

⑪	⑫	⑬	⑭	⑮	⑯	⑰	⑱	⑲	⑳
35	30	27	30	30	30	30	32	35	31

㉑	㉒	㉓	㉔	㉕	㉖	㉗	㉘	㉙	㉚
29	35	29	30	31	30	32	26	30	35

p.36 실력다지기

①	②	③	④	⑤	⑥	⑦	⑧	⑨	⑩
30	24	22	29	20	28	28	27	31	28

⑪	⑫	⑬	⑭	⑮	⑯	⑰	⑱	⑲	⑳
22	32	30	23	31	30	38	30	22	31

암산술술

①	②	③	④	⑤	⑥	⑦	⑧	⑨	⑩
13	15	16	11	12	10	14	16	18	15

p.37 실력다지기

①	②	③	④	⑤	⑥	⑦	⑧	⑨	⑩
29	23	31	27	24	30	28	24	30	24

⑪	⑫	⑬	⑭	⑮	⑯	⑰	⑱	⑲	⑳
25	31	36	30	20	30	32	34	23	24

암산술술

①	②	③	④	⑤	⑥	⑦	⑧	⑨	⑩
19	19	14	19	18	15	20	19	12	17

p.38 기초탄탄

①	②	③	④	⑤	⑥	⑦	⑧	⑨	⑩
23	26	23	22	20	23	21	20	25	30

⑪	⑫	⑬	⑭	⑮	⑯	⑰	⑱	⑲	⑳
23	22	20	23	23	24	20	21	22	22

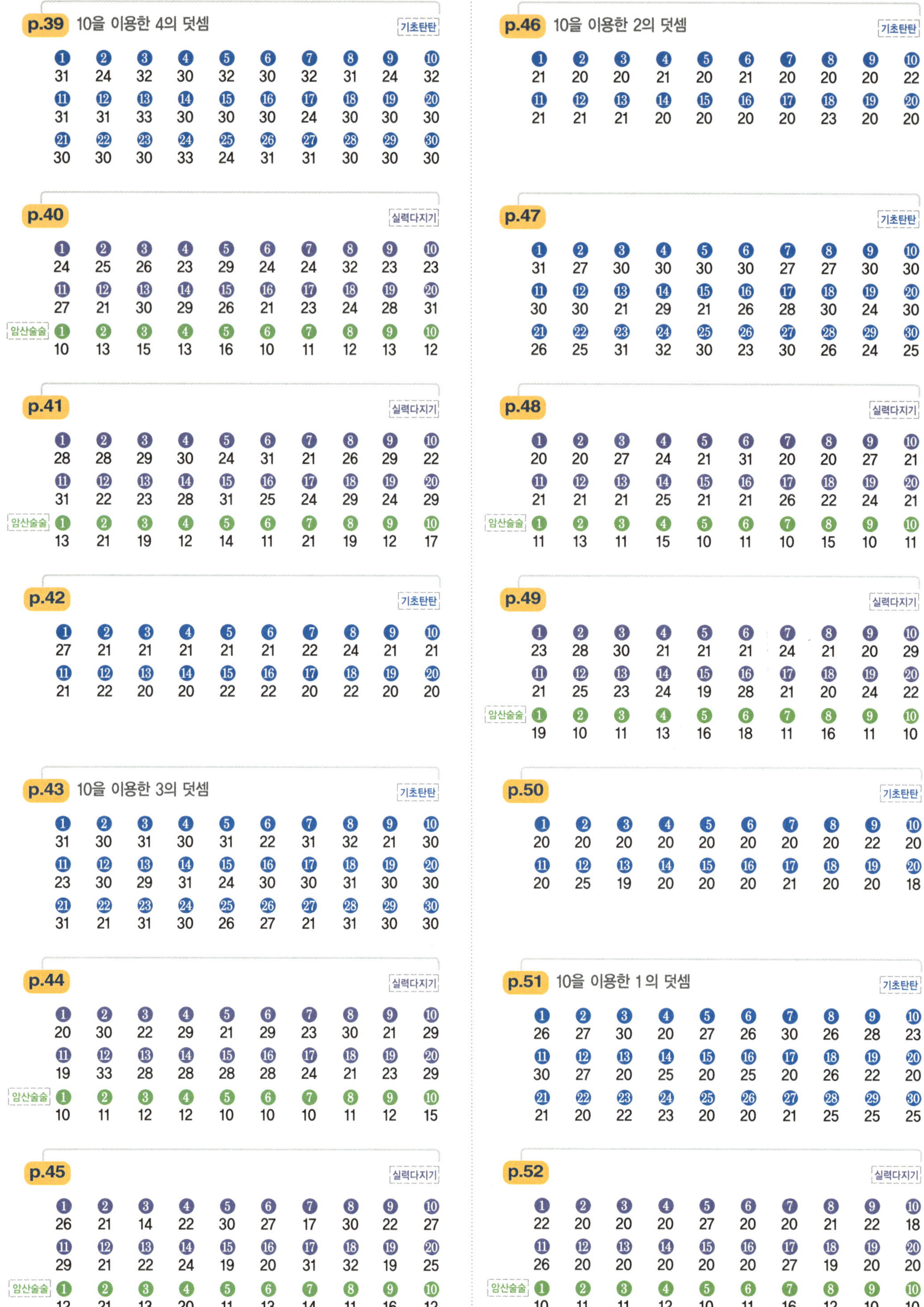

p.39 10을 이용한 4의 덧셈 — 기초탄탄

❶	❷	❸	❹	❺	❻	❼	❽	❾	❿
31	24	32	30	32	30	32	31	24	32

⑪	⑫	⑬	⑭	⑮	⑯	⑰	⑱	⑲	⑳
31	31	33	30	30	30	24	30	30	30

㉑	㉒	㉓	㉔	㉕	㉖	㉗	㉘	㉙	㉚
30	30	30	33	24	31	31	30	30	30

p.40 — 실력다지기

❶	❷	❸	❹	❺	❻	❼	❽	❾	❿
24	25	26	23	29	24	24	32	23	23

⑪	⑫	⑬	⑭	⑮	⑯	⑰	⑱	⑲	⑳
27	21	30	29	26	21	23	24	28	31

암산술술
❶	❷	❸	❹	❺	❻	❼	❽	❾	❿
10	13	15	13	16	10	11	12	13	12

p.41 — 실력다지기

❶	❷	❸	❹	❺	❻	❼	❽	❾	❿
28	28	29	30	24	31	21	26	29	22

⑪	⑫	⑬	⑭	⑮	⑯	⑰	⑱	⑲	⑳
31	22	23	28	31	25	24	29	24	29

암산술술
❶	❷	❸	❹	❺	❻	❼	❽	❾	❿
13	21	19	12	14	11	21	19	12	17

p.42 — 기초탄탄

❶	❷	❸	❹	❺	❻	❼	❽	❾	❿
27	21	21	21	21	21	22	24	21	21

⑪	⑫	⑬	⑭	⑮	⑯	⑰	⑱	⑲	⑳
21	22	20	20	22	22	20	22	20	20

p.43 10을 이용한 3의 덧셈 — 기초탄탄

❶	❷	❸	❹	❺	❻	❼	❽	❾	❿
31	30	31	30	31	22	31	32	21	30

⑪	⑫	⑬	⑭	⑮	⑯	⑰	⑱	⑲	⑳
23	30	29	31	24	30	30	31	30	30

㉑	㉒	㉓	㉔	㉕	㉖	㉗	㉘	㉙	㉚
31	21	31	30	26	27	21	31	30	30

p.44 — 실력다지기

❶	❷	❸	❹	❺	❻	❼	❽	❾	❿
20	30	22	29	21	29	23	30	21	29

⑪	⑫	⑬	⑭	⑮	⑯	⑰	⑱	⑲	⑳
19	33	28	28	28	28	24	21	23	29

암산술술
❶	❷	❸	❹	❺	❻	❼	❽	❾	❿
10	11	12	12	10	10	10	11	12	15

p.45 — 실력다지기

❶	❷	❸	❹	❺	❻	❼	❽	❾	❿
26	21	14	22	30	27	17	30	22	27

⑪	⑫	⑬	⑭	⑮	⑯	⑰	⑱	⑲	⑳
29	21	22	24	19	20	31	32	19	25

암산술술
❶	❷	❸	❹	❺	❻	❼	❽	❾	❿
12	21	13	20	11	13	14	11	16	12

p.46 10을 이용한 2의 덧셈 — 기초탄탄

❶	❷	❸	❹	❺	❻	❼	❽	❾	❿
21	20	20	21	20	21	20	20	20	22

⑪	⑫	⑬	⑭	⑮	⑯	⑰	⑱	⑲	⑳
21	21	21	20	20	20	20	23	20	20

p.47 — 기초탄탄

❶	❷	❸	❹	❺	❻	❼	❽	❾	❿
31	27	30	30	30	30	27	27	30	30

⑪	⑫	⑬	⑭	⑮	⑯	⑰	⑱	⑲	⑳
30	30	21	29	21	26	28	30	24	30

㉑	㉒	㉓	㉔	㉕	㉖	㉗	㉘	㉙	㉚
26	25	31	32	30	23	30	26	24	25

p.48 — 실력다지기

❶	❷	❸	❹	❺	❻	❼	❽	❾	❿
20	20	27	24	21	31	20	20	27	21

⑪	⑫	⑬	⑭	⑮	⑯	⑰	⑱	⑲	⑳
21	21	21	25	21	21	26	22	24	21

암산술술
❶	❷	❸	❹	❺	❻	❼	❽	❾	❿
11	13	11	15	10	11	10	15	10	11

p.49 — 실력다지기

❶	❷	❸	❹	❺	❻	❼	❽	❾	❿
23	28	30	21	21	21	24	21	20	29

⑪	⑫	⑬	⑭	⑮	⑯	⑰	⑱	⑲	⑳
21	25	23	24	19	28	21	20	24	22

암산술술
❶	❷	❸	❹	❺	❻	❼	❽	❾	❿
19	10	11	13	16	18	11	16	11	10

p.50 — 기초탄탄

❶	❷	❸	❹	❺	❻	❼	❽	❾	❿
20	20	20	20	20	20	20	20	22	20

⑪	⑫	⑬	⑭	⑮	⑯	⑰	⑱	⑲	⑳
20	25	19	20	20	20	21	20	20	18

p.51 10을 이용한 1의 덧셈 — 기초탄탄

❶	❷	❸	❹	❺	❻	❼	❽	❾	❿
26	27	30	20	27	26	30	26	28	23

⑪	⑫	⑬	⑭	⑮	⑯	⑰	⑱	⑲	⑳
30	27	20	25	20	25	20	26	22	20

㉑	㉒	㉓	㉔	㉕	㉖	㉗	㉘	㉙	㉚
21	20	22	23	20	20	21	25	25	25

p.52 — 실력다지기

❶	❷	❸	❹	❺	❻	❼	❽	❾	❿
22	20	20	20	27	20	20	21	22	18

⑪	⑫	⑬	⑭	⑮	⑯	⑰	⑱	⑲	⑳
26	20	20	20	20	27	20	19	20	20

암산술술
❶	❷	❸	❹	❺	❻	❼	❽	❾	❿
10	11	11	12	10	11	16	12	10	10

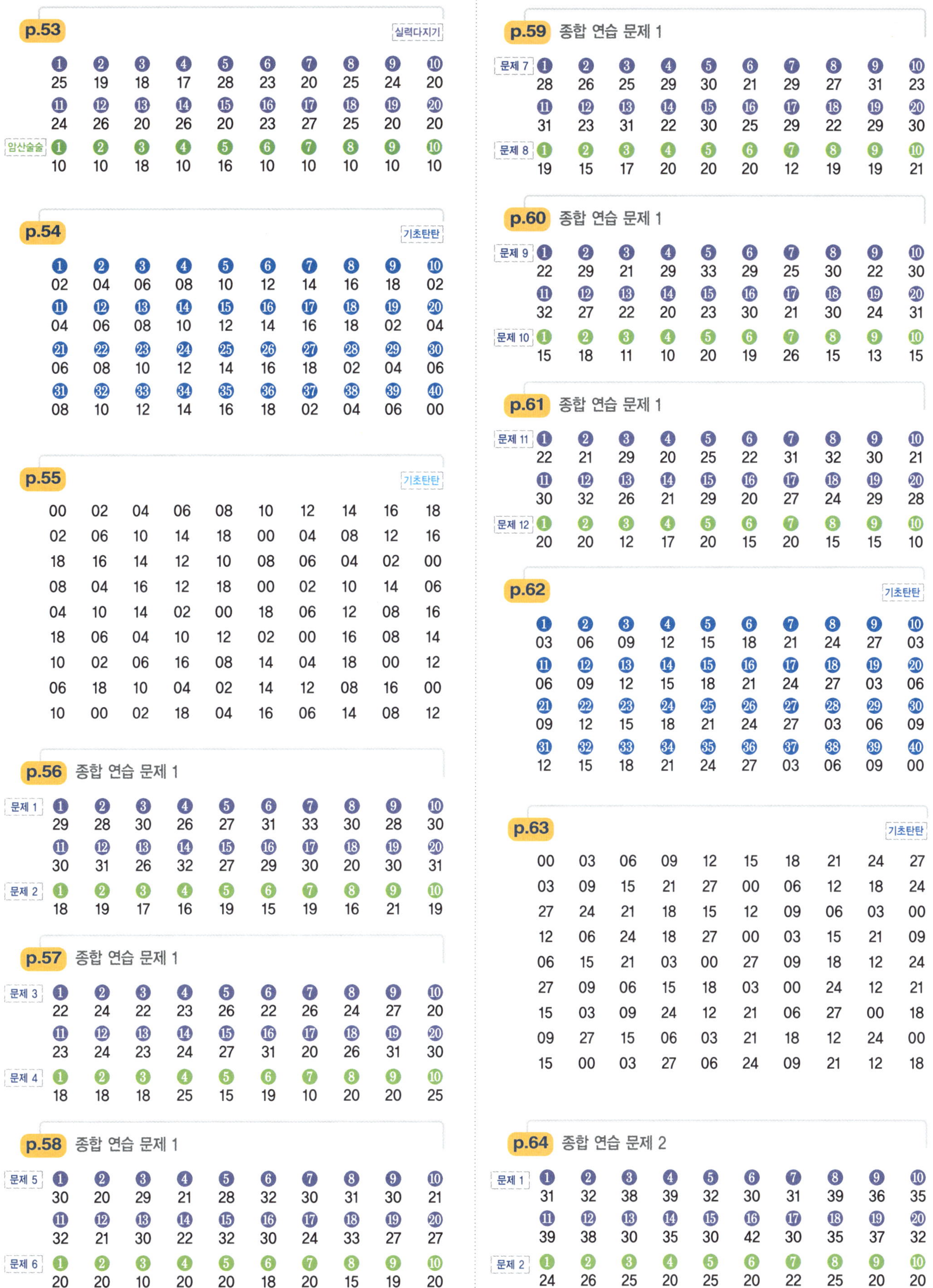

p.53

❶	❷	❸	❹	❺	❻	❼	❽	❾	❿
25	19	18	17	28	23	20	25	24	20
⓫	⓬	⓭	⓮	⓯	⓰	⓱	⓲	⓳	⓴
24	26	20	26	20	23	27	25	20	20

임산술술

❶	❷	❸	❹	❺	❻	❼	❽	❾	❿
10	10	18	10	16	10	10	10	10	10

p.54

❶	❷	❸	❹	❺	❻	❼	❽	❾	❿
02	04	06	08	10	12	14	16	18	02
⓫	⓬	⓭	⓮	⓯	⓰	⓱	⓲	⓳	⓴
04	06	08	10	12	14	16	18	02	04
㉑	㉒	㉓	㉔	㉕	㉖	㉗	㉘	㉙	㉚
06	08	10	12	14	16	18	02	04	06
㉛	㉜	㉝	㉞	㉟	㊱	㊲	㊳	㊴	㊵
08	10	12	14	16	18	02	04	06	00

p.55

00	02	04	06	08	10	12	14	16	18
02	06	10	14	18	00	04	08	12	16
18	16	14	12	10	08	06	04	02	00
08	04	16	12	18	00	02	10	14	06
04	10	14	02	00	18	06	12	08	16
18	06	04	10	12	02	00	16	08	14
10	02	06	16	08	14	04	18	00	12
06	18	10	04	02	14	12	08	16	00
10	00	02	18	04	16	06	14	08	12

p.56 종합 연습 문제 1

문제 1

❶	❷	❸	❹	❺	❻	❼	❽	❾	❿
29	28	30	26	27	31	33	30	28	30
⓫	⓬	⓭	⓮	⓯	⓰	⓱	⓲	⓳	⓴
30	31	26	32	27	29	30	20	30	31

문제 2

❶	❷	❸	❹	❺	❻	❼	❽	❾	❿
18	19	17	16	19	15	19	16	21	19

p.57 종합 연습 문제 1

문제 3

❶	❷	❸	❹	❺	❻	❼	❽	❾	❿
22	24	22	23	26	22	26	24	27	20
⓫	⓬	⓭	⓮	⓯	⓰	⓱	⓲	⓳	⓴
23	24	23	24	27	31	20	26	31	30

문제 4

❶	❷	❸	❹	❺	❻	❼	❽	❾	❿
18	18	18	25	15	19	10	20	20	25

p.58 종합 연습 문제 1

문제 5

❶	❷	❸	❹	❺	❻	❼	❽	❾	❿
30	20	29	21	28	32	30	31	30	21
⓫	⓬	⓭	⓮	⓯	⓰	⓱	⓲	⓳	⓴
32	21	30	22	32	30	24	33	27	27

문제 6

❶	❷	❸	❹	❺	❻	❼	❽	❾	❿
20	20	10	20	20	18	20	15	19	20

p.59 종합 연습 문제 1

문제 7

❶	❷	❸	❹	❺	❻	❼	❽	❾	❿
28	26	25	29	30	21	29	27	31	23
⓫	⓬	⓭	⓮	⓯	⓰	⓱	⓲	⓳	⓴
31	23	31	22	30	25	29	22	29	30

문제 8

❶	❷	❸	❹	❺	❻	❼	❽	❾	❿
19	15	17	20	20	20	12	18	19	21

p.60 종합 연습 문제 1

문제 9

❶	❷	❸	❹	❺	❻	❼	❽	❾	❿
22	29	21	29	33	29	25	30	22	30
⓫	⓬	⓭	⓮	⓯	⓰	⓱	⓲	⓳	⓴
32	27	22	20	23	30	21	30	24	31

문제 10

❶	❷	❸	❹	❺	❻	❼	❽	❾	❿
15	18	11	10	20	19	26	15	13	15

p.61 종합 연습 문제 1

문제 11

❶	❷	❸	❹	❺	❻	❼	❽	❾	❿
22	21	29	20	25	22	31	32	30	21
⓫	⓬	⓭	⓮	⓯	⓰	⓱	⓲	⓳	⓴
30	32	26	21	29	20	27	24	29	28

문제 12

❶	❷	❸	❹	❺	❻	❼	❽	❾	❿
20	20	12	17	20	15	20	15	15	10

p.62

❶	❷	❸	❹	❺	❻	❼	❽	❾	❿
03	06	09	12	15	18	21	24	27	03
⓫	⓬	⓭	⓮	⓯	⓰	⓱	⓲	⓳	⓴
06	09	12	15	18	21	24	27	03	06
㉑	㉒	㉓	㉔	㉕	㉖	㉗	㉘	㉙	㉚
09	12	15	18	21	24	27	03	06	09
㉛	㉜	㉝	㉞	㉟	㊱	㊲	㊳	㊴	㊵
12	15	18	21	24	27	03	06	09	00

p.63

00	03	06	09	12	15	18	21	24	27
03	09	15	21	27	00	06	12	18	24
27	24	21	18	15	12	09	06	03	00
12	06	24	18	27	00	03	15	21	09
06	15	21	03	00	27	09	18	12	24
27	09	06	15	18	03	00	24	12	21
15	03	09	24	12	21	06	27	00	18
09	27	15	06	03	21	18	12	24	00
15	00	03	27	06	24	09	21	12	18

p.64 종합 연습 문제 2

문제 1

❶	❷	❸	❹	❺	❻	❼	❽	❾	❿
31	32	38	39	32	30	31	39	36	35
⓫	⓬	⓭	⓮	⓯	⓰	⓱	⓲	⓳	⓴
39	38	30	35	30	42	30	35	37	32

문제 2

❶	❷	❸	❹	❺	❻	❼	❽	❾	❿
24	26	25	20	25	20	22	25	20	20

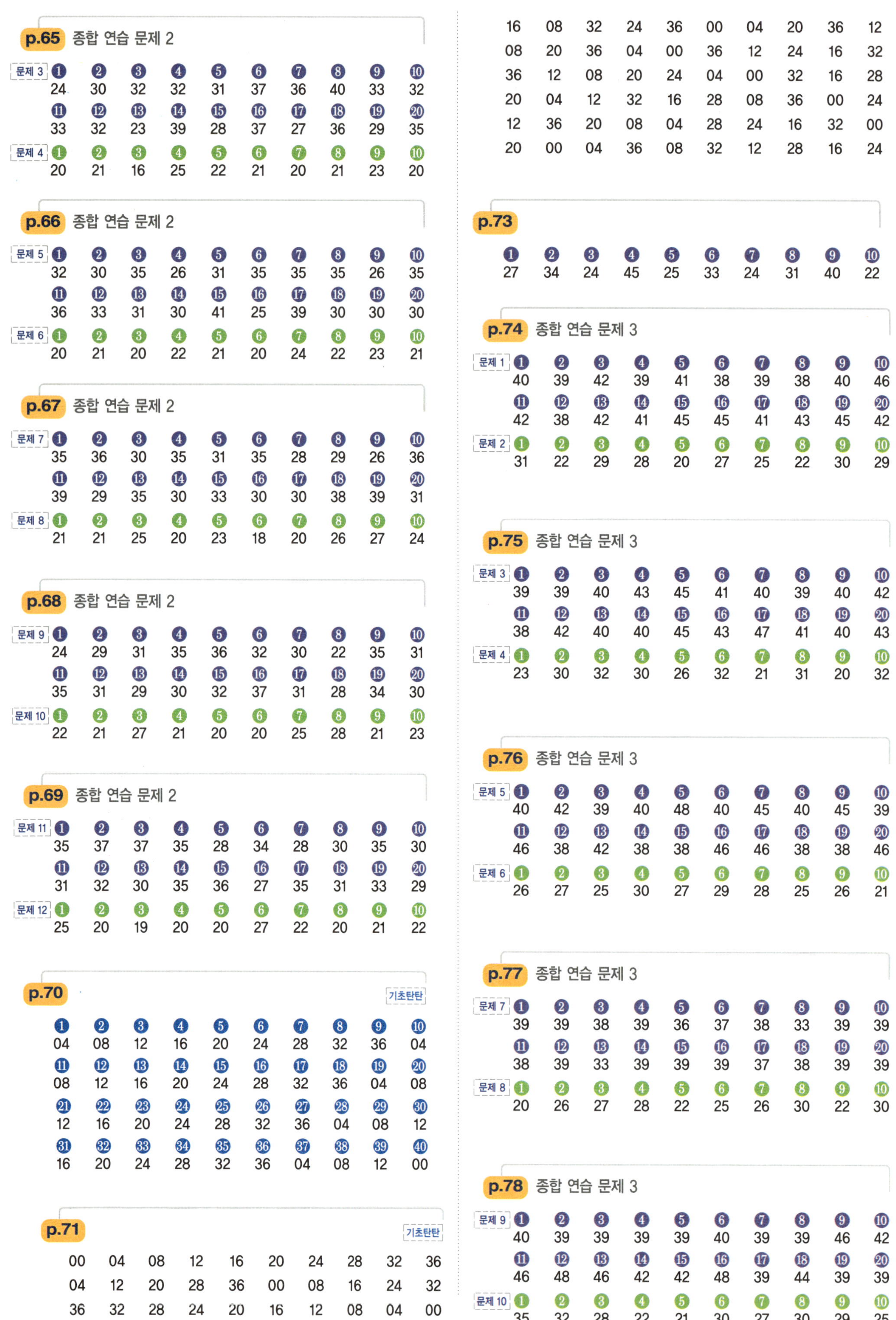

p.65 종합 연습 문제 2

문제 3

❶	❷	❸	❹	❺	❻	❼	❽	❾	❿
24	30	32	32	31	37	36	40	33	32
⓫	⓬	⓭	⓮	⓯	⓰	⓱	⓲	⓳	⓴
33	32	23	39	28	37	27	36	29	35

문제 4

❶	❷	❸	❹	❺	❻	❼	❽	❾	❿
20	21	16	25	22	21	20	21	23	20

p.66 종합 연습 문제 2

문제 5

❶	❷	❸	❹	❺	❻	❼	❽	❾	❿
32	30	35	26	31	35	35	35	26	35
⓫	⓬	⓭	⓮	⓯	⓰	⓱	⓲	⓳	⓴
36	33	31	30	41	25	39	30	30	30

문제 6

❶	❷	❸	❹	❺	❻	❼	❽	❾	❿
20	21	20	22	21	20	24	22	23	21

p.67 종합 연습 문제 2

문제 7

❶	❷	❸	❹	❺	❻	❼	❽	❾	❿
35	36	30	35	31	35	28	29	26	36
⓫	⓬	⓭	⓮	⓯	⓰	⓱	⓲	⓳	⓴
39	29	35	30	33	30	30	38	39	31

문제 8

❶	❷	❸	❹	❺	❻	❼	❽	❾	❿
21	21	25	20	23	18	20	26	27	24

p.68 종합 연습 문제 2

문제 9

❶	❷	❸	❹	❺	❻	❼	❽	❾	❿
24	29	31	35	36	32	30	22	35	31
⓫	⓬	⓭	⓮	⓯	⓰	⓱	⓲	⓳	⓴
35	31	29	30	32	37	31	28	34	30

문제 10

❶	❷	❸	❹	❺	❻	❼	❽	❾	❿
22	21	27	21	20	20	25	28	21	23

p.69 종합 연습 문제 2

문제 11

❶	❷	❸	❹	❺	❻	❼	❽	❾	❿
35	37	37	35	28	34	28	30	35	30
⓫	⓬	⓭	⓮	⓯	⓰	⓱	⓲	⓳	⓴
31	32	30	35	36	27	35	31	33	29

문제 12

❶	❷	❸	❹	❺	❻	❼	❽	❾	❿
25	20	19	20	20	27	22	20	21	22

p.70 기초탄탄

❶	❷	❸	❹	❺	❻	❼	❽	❾	❿
04	08	12	16	20	24	28	32	36	04
⓫	⓬	⓭	⓮	⓯	⓰	⓱	⓲	⓳	⓴
08	12	16	20	24	28	32	36	04	08
㉑	㉒	㉓	㉔	㉕	㉖	㉗	㉘	㉙	㉚
12	16	20	24	28	32	36	04	08	12
㉛	㉜	㉝	㉞	㉟	㊱	㊲	㊳	㊴	㊵
16	20	24	28	32	36	04	08	12	00

p.71 기초탄탄

00	04	08	12	16	20	24	28	32	36
04	12	20	28	36	00	08	16	24	32
36	32	28	24	20	16	12	08	04	00

16	08	32	24	36	00	04	20	36	12
08	20	36	04	00	36	12	24	16	32
36	12	08	20	24	04	00	32	16	28
20	04	12	32	16	28	08	36	00	24
12	36	20	08	04	28	24	16	32	00
20	00	04	36	08	32	12	28	16	24

p.73

❶	❷	❸	❹	❺	❻	❼	❽	❾	❿
27	34	24	45	25	33	24	31	40	22

p.74 종합 연습 문제 3

문제 1

❶	❷	❸	❹	❺	❻	❼	❽	❾	❿
40	39	42	39	41	38	39	38	40	46
⓫	⓬	⓭	⓮	⓯	⓰	⓱	⓲	⓳	⓴
42	38	42	41	45	45	41	43	45	42

문제 2

❶	❷	❸	❹	❺	❻	❼	❽	❾	❿
31	22	29	28	20	27	25	22	30	29

p.75 종합 연습 문제 3

문제 3

❶	❷	❸	❹	❺	❻	❼	❽	❾	❿
39	39	40	43	45	41	40	39	40	42
⓫	⓬	⓭	⓮	⓯	⓰	⓱	⓲	⓳	⓴
38	42	40	40	45	43	47	41	40	43

문제 4

❶	❷	❸	❹	❺	❻	❼	❽	❾	❿
23	30	32	30	26	32	21	31	20	32

p.76 종합 연습 문제 3

문제 5

❶	❷	❸	❹	❺	❻	❼	❽	❾	❿
40	42	39	40	48	40	45	40	45	39
⓫	⓬	⓭	⓮	⓯	⓰	⓱	⓲	⓳	⓴
46	38	42	38	38	46	46	38	38	46

문제 6

❶	❷	❸	❹	❺	❻	❼	❽	❾	❿
26	27	25	30	27	29	28	25	26	21

p.77 종합 연습 문제 3

문제 7

❶	❷	❸	❹	❺	❻	❼	❽	❾	❿
39	39	38	39	36	37	38	33	39	39
⓫	⓬	⓭	⓮	⓯	⓰	⓱	⓲	⓳	⓴
38	39	33	39	39	39	37	38	39	39

문제 8

❶	❷	❸	❹	❺	❻	❼	❽	❾	❿
20	26	27	28	22	25	26	30	22	30

p.78 종합 연습 문제 3

문제 9

❶	❷	❸	❹	❺	❻	❼	❽	❾	❿
40	39	39	39	39	40	39	39	46	42
⓫	⓬	⓭	⓮	⓯	⓰	⓱	⓲	⓳	⓴
46	48	46	42	42	48	39	44	39	39

문제 10

❶	❷	❸	❹	❺	❻	❼	❽	❾	❿
35	32	28	22	21	30	27	30	29	25

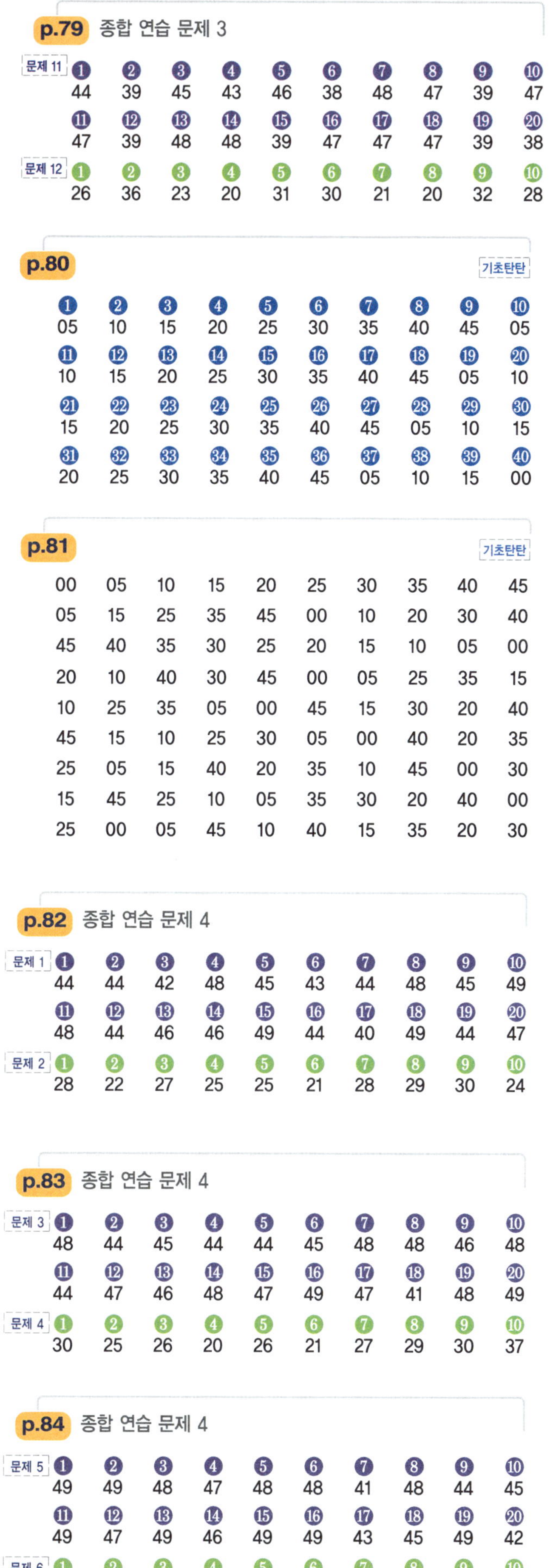

p.79 종합 연습 문제 3

문제 11

①	②	③	④	⑤	⑥	⑦	⑧	⑨	⑩
44	39	45	43	46	38	48	47	39	47
⑪	⑫	⑬	⑭	⑮	⑯	⑰	⑱	⑲	⑳
47	39	48	48	39	47	47	47	39	38

문제 12

①	②	③	④	⑤	⑥	⑦	⑧	⑨	⑩
26	36	23	20	31	30	21	20	32	28

p.80 기초탄탄

①	②	③	④	⑤	⑥	⑦	⑧	⑨	⑩
05	10	15	20	25	30	35	40	45	05
⑪	⑫	⑬	⑭	⑮	⑯	⑰	⑱	⑲	⑳
10	15	20	25	30	35	40	45	05	10
㉑	㉒	㉓	㉔	㉕	㉖	㉗	㉘	㉙	㉚
15	20	25	30	35	40	45	05	10	15
㉛	㉜	㉝	㉞	㉟	㊱	㊲	㊳	㊴	㊵
20	25	30	35	40	45	05	10	15	00

p.81 기초탄탄

00	05	10	15	20	25	30	35	40	45
05	15	25	35	45	00	10	20	30	40
45	40	35	30	25	20	15	10	05	00
20	10	40	30	45	00	05	25	35	15
10	25	35	05	00	45	15	30	20	40
45	15	10	25	30	05	00	40	20	35
25	05	15	40	20	35	10	45	00	30
15	45	25	10	05	35	30	20	40	00
25	00	05	45	10	40	15	35	20	30

p.82 종합 연습 문제 4

문제 1

①	②	③	④	⑤	⑥	⑦	⑧	⑨	⑩
44	44	42	48	45	43	44	48	45	49
⑪	⑫	⑬	⑭	⑮	⑯	⑰	⑱	⑲	⑳
48	44	46	46	49	44	40	49	44	47

문제 2

①	②	③	④	⑤	⑥	⑦	⑧	⑨	⑩
28	22	27	25	25	21	28	29	30	24

p.83 종합 연습 문제 4

문제 3

①	②	③	④	⑤	⑥	⑦	⑧	⑨	⑩
48	44	45	44	44	45	48	48	46	48
⑪	⑫	⑬	⑭	⑮	⑯	⑰	⑱	⑲	⑳
44	47	46	48	47	49	47	41	48	49

문제 4

①	②	③	④	⑤	⑥	⑦	⑧	⑨	⑩
30	25	26	20	26	21	27	29	30	37

p.84 종합 연습 문제 4

문제 5

①	②	③	④	⑤	⑥	⑦	⑧	⑨	⑩
49	49	48	47	48	48	41	48	44	45
⑪	⑫	⑬	⑭	⑮	⑯	⑰	⑱	⑲	⑳
49	47	49	46	49	49	43	45	49	42

문제 6

①	②	③	④	⑤	⑥	⑦	⑧	⑨	⑩
23	29	27	30	21	30	20	29	26	30

p.85 종합 연습 문제 4

문제 7

①	②	③	④	⑤	⑥	⑦	⑧	⑨	⑩
48	48	49	46	46	44	48	48	46	48
⑪	⑫	⑬	⑭	⑮	⑯	⑰	⑱	⑲	⑳
48	44	49	49	48	48	42	46	48	49

문제 8

①	②	③	④	⑤	⑥	⑦	⑧	⑨	⑩
27	30	26	29	30	29	30	26	28	29

p.86 종합 연습 문제 4

문제 9

①	②	③	④	⑤	⑥	⑦	⑧	⑨	⑩
49	43	48	46	49	49	43	43	47	48
⑪	⑫	⑬	⑭	⑮	⑯	⑰	⑱	⑲	⑳
45	48	42	49	49	47	43	48	46	48

문제 10

①	②	③	④	⑤	⑥	⑦	⑧	⑨	⑩
26	29	20	22	31	30	25	28	30	28

p.87 종합 연습 문제 4

문제 11

①	②	③	④	⑤	⑥	⑦	⑧	⑨	⑩
48	48	49	40	44	47	49	49	49	49
⑪	⑫	⑬	⑭	⑮	⑯	⑰	⑱	⑲	⑳
49	49	49	48	48	44	49	48	45	48

문제 12

①	②	③	④	⑤	⑥	⑦	⑧	⑨	⑩
22	32	22	22	24	30	25	31	27	30